Adobe® 创意大学指定教材

Adobe® 创意大学
Illustrator 产品专家认证
标准教材（CS6修订版）

◎ 易锋教育　总策划
◎ 吉志新　李霜　肖志敏　编著

印刷工业出版社

内容提要

Illustrator是Adobe公司著名的矢量图形制作软件，可用于绘制插图、印刷排版、多媒体及Web图形的制作和处理，在全球拥有大量用户，备受矢量图形设计师的青睐。本书知识讲解安排合理，着重于提升学生的岗位技能竞争力。

本书知识结构清晰，以"理论知识＋实战案例"的形式循序渐进地对知识点进行了讲解，版式设计新颖，对Illustrator CS6产品专家认证的考核知识点在书中进行了加黑、加着重点的标注，使读者一目了然，方便初学者和有一定基础的读者更有效率地掌握Illustrator CS6的重点和难点。本书内容丰富，全面、详细地讲解了Illustrator CS6产品的各项功能，包括Illustrator CS6的基础知识、路径绘制工具、图形绘制与颜色填充、图形的编辑、符号工具与混合工具、文字的应用、描摹图稿、滤镜和效果、图表、图层和蒙版等知识。

本书可以作为参加"Adobe创意大学产品专家认证"考试学生的指导用书，还可以作为各院校和培训机构"数字媒体艺术"相关专业的教材。

图书在版编目（CIP）数据

Adobe创意大学Illustrator产品专家认证标准教材（CS6修订版）/吉志新,李霜,肖志敏编著.
—北京:印刷工业出版社,2013.12
ISBN 978−7−5142−0959−4

I.A… II.①吉…②李…③肖… III.图形软件，Illustrator CS6−教材 IV．TP391.41

中国版本图书馆CIP数据核字(2013)第086040号

Adobe 创意大学Illustrator产品专家认证标准教材（CS6修订版）

编　　著：吉志新　李　霜　肖志敏	
责任编辑：张　鑫	
执行编辑：王　丹	责任校对：郭　平
责任印制：张利君	责任设计：张　羽

出版发行：印刷工业出版社（北京市翠微路2号　邮编：100036）

网　　址：www.keyin.cn　　www.pprint.cn

网　　店：//shop36885379.taobao.com

经　　销：各地新华书店

印　　刷：三河国新印装有限公司

开　　本：787mm×1092mm　　1/16

字　　数：393千字

印　　张：16.25

印　　数：1～3000

印　　次：2013年12月第1版　2013年12月第1次印刷

定　　价：36.00元

ＩＳＢＮ：978−7−5142−0959−4

◆ 如发现印装质量问题请与我社发行部联系　直销电话：010-88275811

丛书编委会

主　任：黄耀辉

副主任：赵鹏飞　毛屹槟

编委（或委员）：（按照姓氏字母顺序排列）

范淑兰　高仰伟　何清超　黄耀辉

纪春光　刘　强　吕　莉　马增友

毛屹槟　王夕勇　于秀芹　曾祥民

张　鑫　赵　杰　赵鹏飞　钟星翔

本书编委会

主编：易锋教育

编者：吉志新　李　霜　肖志敏

审稿：张　鑫

Adobe 是全球最大、最多元化的软件公司之一，以其卓越的品质享誉世界，旗下拥有众多深受广大客户信赖和认可的软件品牌。Adobe 彻底改变了世人展示创意、处理信息的方式。从印刷品、视频和电影中的丰富图像到各种媒体的动态数字内容，Adobe 解决方案的影响力在创意产业中是毋庸置疑的。任何创作、观看以及与这些信息进行交互的人，对这一点更是有切身体会。

中国创意产业已经成为一个重要的支柱产业，将在中国经济结构的升级过程中发挥非常重要的作用。2009 年，中国创意产业的总产值占国民生产总值的 3%，但在欧洲国家这个比例已经占到 10%～15%，这说明在中国创意产业还有着巨大的市场机会，同时，这个行业也将需要大量的与市场需求所匹配的高素质人才。

从目前的诸多报道中可以看到，许多拥有丰富传统知识的毕业生，一出校门很难找到理想的工作，这是因为他们的知识与技能达不到市场的期望和行业的要求。出现这种情况的主要原因在很大程度上在于教育行业缺乏与产业需求匹配的专业课程以及能教授学生专业技能的教师。这些技能是至关重要的，尤其是中国正处在计划将自己的经济模式与国际角色从 "Made in China/ 中国制造" 提升为具备更多附加值的 "Designed & Made in China/ 中国设计与制造" 的过程中。

Adobe® 创意大学（Adobe® Creative University）计划是 Adobe 公司联合行业专家、行业协会、教育专家、一线教师、Adobe 技术专家，面向国内动漫、平面设计、出版印刷、eLearning、网站制作、影视后期、RIA 开发及其相关行业，针对专业院校、培训机构和创意产业园区创意类人才的培养，以及中小学、网络学院、师范类院校师资力量的建设，基于 Adobe 核心技术，为中国创意产业生态全面升级和教育行业师资水平和技术水平的全面强化而联合打造的全新教育计划。

Adobe® 创意大学计划旨在与国内专业院校、培训机构、创意产业园区以及国家教育主管部门联合，为中国创意行业和教育行业培养更多专业型、实用型、技术型的高端人才，并帮助学生和从业人员快速完成职业和专业能力塑造，迅速提高岗位技能和职业水平，强化个人的市场竞争力，高质、高效地步入工作岗位。

为贯彻 Adobe® 创意大学的教育理念，Adobe 公司联合多方面、多行业的人才组成教育专家组负责新模式教材的开发工作，把最新 Adobe 技术、企业岗位技能需求、院校教学特点、教材编写特点有机结合，以保证课程技能传递职业岗位必备的核心技术与专业需求，又便于实现院校教师易教、学生易学的双重要求。

我们相信 Adobe® 创意大学计划必将为中国的创意产业的发展以及相关专业院校的教学改革提供良好的支持。

Adobe 将与中国一起发展与进步！

Adobe 大中华区董事总经理　黄耀辉

Preface

前 言

Adobe 于 2010 年 8 月正式推出的全新"Adobe® 创意大学"计划引起了教育行业强大关注。"Adobe® 创意大学"计划集结了强大的教学、师资和培训力量，由活跃在行业内的行业专家、教育专家、一线教师、Adobe 技术专家以及行业协会共同制作并隆重推出了"Adobe® 创意大学"计划的全部教学内容及其人才培养计划。

Adobe® 创意大学计划概述

Adobe® 创意大学（Adobe® Creative University）计划是 Adobe 公司联合行业专家、行业协会、教育专家、一线教师、Adobe 技术专家，面向国内动漫、平面设计、出版印刷、eLearning、网站制作、影视后期、RIA 开发及其相关行业，针对专业院校、培训机构和创意产业园区创意类人才的培养，以及中小学、网络学院、师范类院校师资力量的建设，基于 Adobe 核心技术，为中国创意产业生态全面升级和教育行业师资水平和技术水平的全面强化而联合打造的全新教育计划。

Adobe® 创意大学计划旨在与国内专业院校、培训机构、创意产业园区以及国家教育主管部门联合，为中国创意行业和教育行业培养更多专业型、实用型、技术型的高端人才，并帮助学生和从业人员快速完成职业和专业能力塑造，迅速提高岗位技能和职业水平，强化个人的市场竞争力，高质、高效地步入工作岗位。

专业院校、培训机构、创意产业园区人才培养平台均可加入 Adobe® 创意大学计划，并获得 Adobe 的最新技术支持和人才培养方案，通过对相关专业技术和专业知识、行业技能的严格考核，完成创意人才、教育人才和开发人才的培养。

加入"Adobe® 创意大学"的理由

Adobe 将通过区域合作伙伴和行业合作伙伴对 Adobe® 创意大学合作机构提供持续不断的技术、课程、市场活动服务。

"Adobe 创意大学"的合作机构将获得以下权益。

1. 荣誉及宣传

（1）获得"Adobe 创意大学"的正式授权，机构名称将刊登在 Adobe 教育网站 (www.adobecu.com) 上，Adobe 进行统一宣传，提高授权机构的知名度。

（2）获得"Adobe 创意大学"授权牌。

（3）可以在宣传中使用"Adobe 创意大学"授权机构的称号。

（4）免费获得 Adobe 最新的宣传资料支持。

2. 技术支持

（1）第一时间获得 Adobe 最新的教育产品信息、技术支持。

（2）可优惠采购相关教育软件。

（3）有机会参加"Adobe 技术讲座"和"Adobe 技术研讨会"。

（4）有机会参加 Adobe 新版产品发布前的预先体验计划。

3. 教学支持

（1）获得相关专业课程的全套教学方案（课程体系、指定教材、教学资源）。

（2）获得深入的师资培训，包括专业技术培训、来自一线的实践经验分享、全新的实训教学模式分享。

4. 市场支持

（1）优先组织学生参加 Adobe 创意大赛，获奖学生和合作机构将会被 Adobe 教育网站重点宣传，并享有优先人才推荐服务。

（2）有资格参加评选和被评选为 Adobe 创意大学优秀合作机构。

（3）教师有资格参加 Adobe 优秀教师评选；特别优秀的教师有机会成为 Adobe 教育专家委员会成员。

（4）作为 Adobe 创意大学计划考试认证中心，可以组织学生参加 Adobe 创意大学计划的认证考试。考试合格的学生获得相应的 Adobe 认证证书。

（5）参加 Adobe 认证教师培训，持续提高师资力量，考试合格的教师将获得 Adobe 颁发的"Adobe 认证教师"证书。

Adobe® 创意大学计划认证体系和认证证书

（1）Adobe 产品技术认证：基于 Adobe 核心技术，并涵盖各个创意设计领域，为各行业培养专业技术人才而定制。

（2）Adobe 动漫技能认证：联合国内知名动漫企业，基于动漫行业的需求，为培养动漫创作和技术人才而定制。

（3）Adobe 平面视觉设计师认证：基于 Adobe 软件技术的综合运用，满足平面设计和包装印刷等行业的岗位需求，培养了解平面设计、印刷典型流程与关键要求的人才而制定。

（4）Adobe eLearning 技术认证：针对教育和培训行业制定的数字化学习和远程教育技术的认证方案，以培养具有专业数字化教学资源制作能力、教学设计能力的教师/讲师等为主要目的，构建基于 Adobe 软件技术教育应用能力的考核体系。

（5）Adobe RIA 开发技术认证：通过 Adobe Flash 平台的主要开发工具实现基本的 RIA 项目开发，为培养 RIA 开发人才而全力打造的专业教育解决方案。

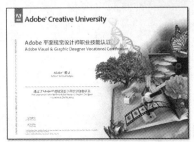  

Adobe® 创意大学指定教材

—《Adobe 创意大学 Photoshop CS5 产品专家认证标准教材》

—《Adobe 创意大学 Photoshop 产品专家认证标准教材（CS6 修订版)》

—《Adobe 创意大学 InDesign CS5 产品专家认证标准教材》

—《Adobe 创意大学 InDesign 产品专家认证标准教材（CS6 修订版)》

—《Adobe 创意大学 Illustrator CS5 产品专家认证标准教材》

—《Adobe 创意大学 Illustrator 产品专家认证标准教材（CS6 修订版)》

—《Adobe 创意大学 After Effects CS5 产品专家认证标准教材》

—《Adobe 创意大学 After Effects 产品专家认证标准教材（CS6 修订版)》

—《Adobe 创意大学 Premiere Pro CS5 产品专家认证标准教材》

—《Adobe 创意大学 Premiere Pro 产品专家认证标准教材（CS6 修订版)》

—《Adobe 创意大学 Flash CS5 产品专家认证标准教材》

—《Adobe 创意大学 Dreamweaver CS5 产品专家认证标准教材》

—《Adobe 创意大学 Fireworks CS5 产品专家认证标准教材》

"Adobe® 创意大学"计划所做出的贡献，将提升创意人才在市场上驰骋的能力，推动中国创意产业生态全面升级和教育行业师资水平和技术水平的全面强化。

教材及项目服务邮箱：yifengedu@126.com。

编著者

2013 年 12 月

Contents

第3章

图形绘制与颜色填充

第4章

图形的编辑

第1章

Illustrator CS6的基础知识

Adobe Illustrator CS6是一款非常优秀的矢量绘图软件，它以矢量图形编辑强大、操作使用简便、对素材格式支持广泛等优势受到众多设计师的青睐，用Illustrator制作的文件，无论以何种倍率输出都可以保持原来的高品质。

本章将对Illustrator CS6进行简单的介绍，包括Illustrator CS6的工作界面、工具名称和用途等，以及文件和面板的基本操作、矢量与位图等知识。

本章学习要点

→ 了解Illustrator CS6的界面和工作区
→ 掌握软件的基本操作
→ 掌握面板的操作

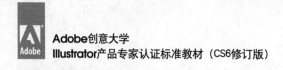
1.1 初识Illustrator CS6

熟悉Illustrator CS6 的界面、工作区和工具箱等对以后的学习有很大的帮助，这是学习Illustrator的基础。

1.1.1 工作区预览

Illustrator CS6 的工作区包括菜单栏、应用程序栏、工具箱、选项栏、面板和状态栏等，使用时可以随时根据自己的需要对其调整，默认情况下，Illustrator CS6的工作区如图1-1所示。

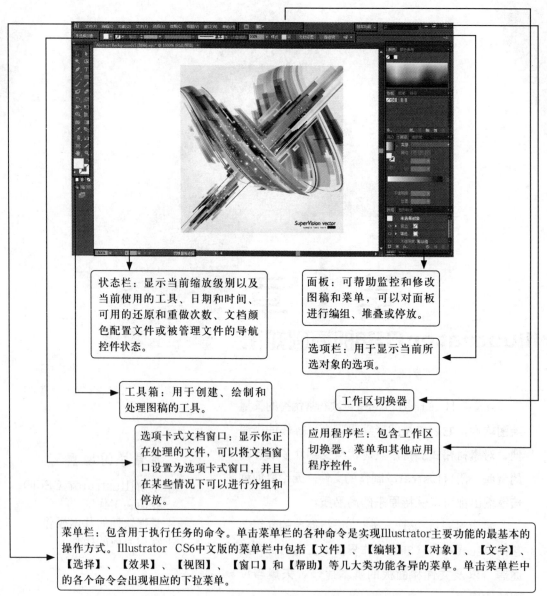

状态栏：显示当前缩放级别以及当前使用的工具、日期和时间、可用的还原和重做次数、文档颜色配置文件或被管理文件的导航控件状态。

面板：可帮助监控和修改图稿和菜单，可以对面板进行编组、堆叠或停放。

选项栏：用于显示当前所选对象的选项。

工具箱：用于创建、绘制和处理图稿的工具。

工作区切换器

选项卡式文档窗口：显示你正在处理的文件，可以将文档窗口设置为选项卡式窗口，并且在某些情况下可以进行分组和停放。

应用程序栏：包含工作区切换器、菜单和其他应用程序控件。

菜单栏：包含用于执行任务的命令。单击菜单栏的各种命令是实现Illustrator主要功能的最基本的操作方式。Illustrator CS6中文版的菜单栏中包括【文件】、【编辑】、【对象】、【文字】、【选择】、【效果】、【视图】、【窗口】和【帮助】等几大类功能各异的菜单。单击菜单栏中的各个命令会出现相应的下拉菜单。

图1-1

在Illustrator中要隐藏或显示所有面板（包括工具箱和选项栏），按【Tab】键；要隐藏或显示所有面板（除工具箱和选项栏之外），按【Shift+Tab】键。

1.1.2 工具箱

可以使用工具箱中的工具在 Illustrator 中创建、选择和处理对象。**工具箱中的工具共分为九大类**，如图1-2所示。其中，双击某些工具时会出现工具选项，这些工具包括用于使用文字的工具以及用于选择、上色、绘制、取样、编辑和移动图像的工具，如图1-3所示。

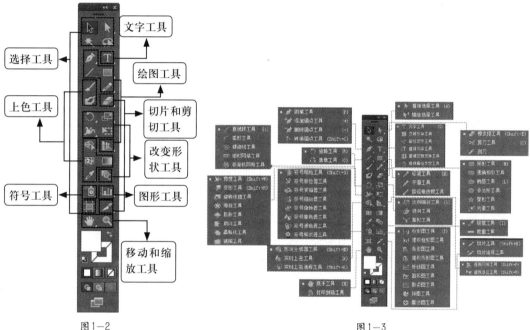

图1-2　　　　　　　　　　　　　　图1-3

1. 选择工具组

【选择工具】：可用来选择整个对象。

【直接选择工具】：可用来选择对象内的点或路径段。

【编组选择工具】：可用来选择组内的对象或组内的组。

【魔棒工具】：可用来选择具有相似属性的对象。

【套索工具】：可用来选择对象内的点或路径段。

【画板工具】：创建用于打印或导出的单独画板。

2. 绘图工具组

【钢笔工具】：用于绘制直线和曲线来创建对象。

【添加锚点工具】：用于将锚点添加到路径。

【删除锚点工具】：用于从路径中删除锚点。

【转换锚点工具】：用于将平滑点与角点互相转换。

【直线段工具】：用于绘制直线段。

【弧线工具】：用于绘制各个凹入或凸起曲线段。

【螺旋线工具】：用于绘制顺时针和逆时针螺旋线。

【矩形网格工具】：用于绘制矩形网格。

【极坐标网格工具】：用于绘制圆形图像网格。

【矩形工具】：用于绘制方形和矩形。

【圆角矩形工具】：用于绘制具有圆角的方形和矩形。

【椭圆工具】：用于绘制圆和椭圆。

【多边形工具】：用于绘制规则的多边形。

【星形工具】：用于绘制星形。

【光晕工具】：用于创建类似镜头光晕或太阳光晕的效果。

【铅笔工具】：用于绘制和编辑自由线段。

【平滑工具】：用于平滑处理贝塞尔路径。

【路径橡皮擦工具】：用于从对象中擦除路径和锚点。

【透视网格工具】：可以在透视中创建和渲染图稿。

【透视选区工具】：可以在透视中选择对象、文本和符号、移动对象以及在垂直方向上移动对象。

3．上色工具组

【画笔工具】：用于绘制徒手画和书法线条以及路径图稿、图案和毛刷画笔描边。

【网格工具】：用于创建和编辑网格和网格封套。

【渐变工具】：调整对象内渐变的起点和终点以及角度，或者向对象应用渐变。

【吸管工具】：用于从对象中采样以及应用颜色、文字和外观属性，其中包括效果。

【度量工具】：用于测量两点之间的距离。

【斑点画笔工具】：所绘制的路径会自动扩展和合并堆叠顺序中相邻的具有相同颜色的书法画笔路径。

【实时上色工具】：用于按当前的上色属性绘制"实时上色"组的表面和边缘。

【实时上色选择】：用于选择"实时上色"组中的表面和边缘。

4．改变形状工具组

【旋转工具】：可以围绕固定点旋转对象。

【镜像工具】：可以围绕固定轴翻转对象。

【比例缩放工具】：可以围绕固定点调整对象大小。

【倾斜工具】：可以围绕固定点倾斜对象。

【整形工具】：可以在保持路径整体细节完整无缺的同时，调整所选择的锚点。

【自由变换工具】：可以对所选对象进行比例缩放、旋转或倾斜。

【混合工具】：可以创建混合了多个对象的颜色和形状的一系列对象。

【宽度工具】：用于创建具有不同宽度的描边。

【变形工具】：可以随光标的移动塑造对象形状（打个比方，就像塑造黏土一样）。

【旋转扭曲工具】：可以在对象中创建旋转扭曲。

【缩拢工具】：可通过向十字线方向移动控制点的方式收缩对象。

【膨胀工具】：可通过向远离十字线方向移动控制点的方式扩展对象。

【扇贝工具】：可以向对象的轮廓添加随机弯曲的细节。

【晶格化工具】：可以向对象的轮廓添加随机锥化的细节。

【皱褶工具】：可以向对象的轮廓添加类似于皱褶的细节。

【形状生成器工具】：可以合并多个简单的形状以创建自定义的复杂形状。

5．文字工具组

【文字工具】：用于创建单独的文字和文字容器，并允许输入和编辑文字。

【区域文字工具】：用于将封闭路径改为文字容器，并允许在其中输入和编辑文字。

【路径文字工具】：用于将路径更改为文字路径，并允许在其中输入和编辑文字。

【直排文字工具】：用于创建直排文字和直排文字容器，并允许在其中输入和编辑直排文字。

【直排区域文字工具】：用于将封闭路径更改为直排文字容器，并允许在其中输入和编辑文字。

【直排路径文字工具】：用于将路径更改为直排文字路径，并允许在其中输入和编辑文字。

6．符号工具组

【符号喷枪工具】：用于将多个符号实例作为集合置入到画板上。

【符号移位器工具】：用于移动符号实例。

【符号紧缩器工具】：用于将符号实例移到离其他符号实例更近或更远的地方。

【符号缩放器工具】：用于调整符号实例大小。

【符号旋转器工具】：用于旋转符号实例。

【符号着色器工具】：用于为符号实例上色。

【符号滤色器工具】：用于为符号实例应用不透明度。

【符号样式器工具】：用于将所选样式应用于符号实例。

7．图形工具组

【柱形图工具】：创建的图表可用垂直柱形来比较数值。

【堆积柱形图工具】：创建的图表与柱形图类似，但是它将各个柱形堆积起来，而不是互相并列。

【条形图工具】：创建的图表与柱形图类似，但是水平放置条形而不是垂直放置柱形。

【堆积条形图工具】：创建的图表与堆积柱形图类似，但是条形是水平堆积而不是垂直堆积。

【折线图工具】：创建的图表使用点来表示一组或多组数值，并且对每组中的点都采用不同的线段来连接。

【面积图工具】：创建的图表与折线图类似，它强调数值的整体和变化情况。

【散点图工具】：创建的图表沿 X 轴和 Y 轴将数据点作为成对的坐标组进行绘制。

【饼图工具】：可创建圆形图表，它的楔形表示所比较的数值的相对比例。

【雷达图工具】：创建的图表可在某一特定时间点或特定类别上比较数值组，并以圆形格式表示。

8．切片和剪切工具组

【切片工具】：用于将图稿分割为单独的 Web 图像。

【切片选择工具】：用于选择 Web 切片。

【橡皮擦工具】：用于擦除拖动到的任何对象区域。

【剪刀工具】：用于在特定点剪切路径。

【刻刀工具】：可剪切对象和路径。

9．移动和缩放工具组

【抓手工具】：可以在插图窗口中移动 Illustrator 画板。

【打印拼贴工具】：可以调整页面网格以控制图稿在打印页面上显示的位置。

【缩放工具】：可以在插图窗口中增加和减小视图比例。

1.1.3 面板

停放是一组放在一起显示的面板或面板组，通常在垂直方向显示。可通过将面板移到停放中或从停放中移走来停放或取消停放面板。

1．移动面板

在移动面板时，会看到蓝色突出显示的放置区域，可以在该区域中移动面板。如果拖移到的区域不是放置区域，那么该面板将在工作区中自由浮动，如图1-4所示。

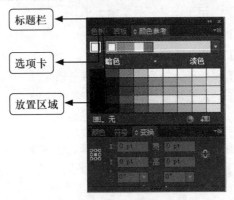

图1-4

> **小知识**
>
> 鼠标移动到的位置（而不是面板位置）可激活放置区域，因此，如果看不到放置区域，就尝试将鼠标拖到放置区域应放置的位置。若要移动面板，则拖动面板名称；若要移动面板组，则拖动其标题栏。
>
> 在移动面板的同时按住【Ctrl（Windows）/Command（Mac OS）】键可防止其停放。在移动面板时按【Esc】键可取消该操作。

2．添加和删除面板

从停放中删除所有面板，那么该停放将会消失。可以通过将面板移动到工作区右边缘直到出现放置区域来创建停放。

若要移除面板，可以选择其选项卡且按住【Windows】键或按住【Ctrl（Mac OS）】键单击鼠标右键，在弹出的快捷菜单中选择【关闭】选项，如图1-5所示；或从【窗口】菜单中取消选择该面板。要添加面板，可以从【窗口】菜单中选择该面板，然后将其停放在所需的位置。

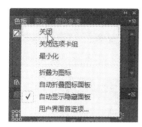
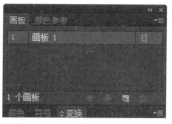

图1-5

3．堆叠浮动的面板

当将面板拖出停放但并不将其拖入放置区域时，面板会自由浮动。既可以将浮动的面板放在工作区的任何位置，也可以将浮动的面板或面板组堆叠在一起，以便在拖动最上面的标题栏时将它们作为一个整体进行移动。

堆叠浮动的面板时，将面板的名称拖动到另一个面板底部的放置区域中以拖动该面板，如图1-6所示。

要从堆叠中删除面板或面板组以使其自由浮动，可以将其标签或标题栏拖走，如图1-7所示。

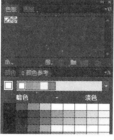
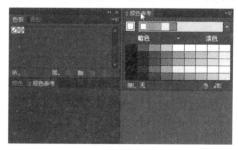

图1-6　　　　　　　　　　　图1-7

1.2　基本操作

在Illustrator CS6中，基本操作就是掌握软件的基本使用方法，包括新建文档、打开与置入文件、保存文件等。

1.2.1　新建文档

可以通过新建文档配置文件或模板来创建新的Illustrator文档。通过新建文档配置文件创建文档时，可以创建一个空白的文档，它采用选定配置文件的默认填充和描边颜色、图形样式、画笔、符号、动作、查看首选项以及其他设置。通过模板创建文档时，创建的文档包含用于特定文档（如宣传册或 CD 封面）的预设设计元素和设置以及内容（如裁剪标记和参考线）。还可以通过欢迎屏幕来创建新的文档，或者执行【文件】>【新建】命令进行创建。若要查看欢迎屏幕，则执行【帮助】>【欢迎屏幕】命令。

1．创建新文档

可以从欢迎屏幕或【文件】菜单中创建新文档。

方法一：

Illustrator CS6已打开时，执行【文件】>【新建】命令，打开【新建文档】对话框，如图1-8所示。然后从【新建文档配置文件】选项组中选择所需的文档配置文件。

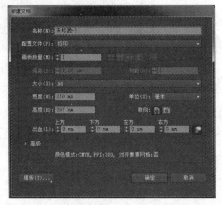

图1-8

小知识

在欢迎屏幕中，按住【Alt（Windows）/ Option（Mac OS）】键，然后单击可以直接打开新文档，而跳过【新建文档】对话框。

方法二：

如果欢迎屏幕已打开，就从【新建】列表中选择需要的文档配置文件。

在【新建文档】对话框中各参数的含义如下。

【名称】：输入文档的名称。

【画板数量】：指定文档的画板数，以及它们在屏幕上的排列顺序。

【按行设置网格】：在指定数目的行中排列多个画板。从【行】菜单中选择行数。如果采用默认值，就会使用指定数目的画板创建尽可能方正的外观。

【按列设置网格】：在指定数目的列中排列多个画板。从【列】菜单中选择列数。如果采用默认值，就会使用指定数目的画板创建尽可能方正的外观。

【按行排列】：将画板排列成一个直行。

【按列排列】：将画板排列成一个直列。

【更改为从右至左的版面】：按指定的行或列格式排列多个画板，但按从右到左的顺序显示它们。

【间距】：指定画板之间的默认间距，此设置同时应用于水平间距和垂直间距。

【大小】、【高度】、【宽度】、【单位】、【取向】：为所有画板指定默认大小、度量单位和布局。

　　打开文档后，根据需要，可以通过移动画板和调整画板大小来自定画板。

【出血】：指定画板每一侧的出血位置。要对不同的侧面使用不同的值，单击后面的【锁定】按钮。

【高级】：单击此按钮以展开其他高级选项。

【颜色模式】：指定新文档的颜色模式。通过更改颜色模式，可以将选定的新建文档配置文件的默认内容（色板、画笔、符号、图形样式）转换为新的颜色模式，从而导致颜色发生变化。

【栅格效果】：为文档中的栅格效果指定分辨率。准备以较高分辨率输出到高端打印机时，将此选项设置为"高"尤为重要。默认情况下，"打印"配置文件将此选项设置为"高"。

【透明度网格】：为使用"视频和胶片"配置文件的文档指定透明度网格选项。

【预览模式】：为文档设置默认预览模式（可随时使用【视图】菜单来更改此选项），包括以下3种预览模式。

- 【默认】：在矢量视图中以彩色显示在文档中创建的图稿。放大或缩小时将保持曲线的平滑度。
- 【像素】：显示具有栅格化（像素化）外观的图稿。它不会对内容进行栅格化，而是显示模拟的预览，就像内容是栅格一样。
- 【叠印】：提供"油墨预览"，它模拟混合、透明和叠印在分色输出中的显示效果。

【使新建对象与像素网格对齐】：勾选此复选框，就会使所有新对象与像素网格对齐。

　　创建文档后，可通过执行【文件】>【文档设置】命令并指定新设置来更改这些设置。

2．从模板创建新文档

执行【文件】>【从模板新建】命令；或者执行【文件】>【新建】命令，在弹出的【新建文档】对话框中，单击【模板】按钮；也可以在欢迎屏幕中单击【新建】列表中的【从模板】按钮，打开【从模板新建】对话框。在【从模板新建】对话框中，找到并选择模板，然后单击【新建】按钮。

1.2.2 打开与置入文档

1．打开文档

可以打开Illustrator中创建的文件，以及在其他应用程序中创建的兼容文件。

要打开现有的文件，执行【文件】>【打开】命令，在【打开】对话框中找到该文件，然后单击【打开】按钮。

要打开最近存储的文件，从欢迎屏幕的【打开最近使用的项目】列表中选择该文件，或执行【文件】>【最近打开的文件】命令，在弹出的下拉列表中选择一个文件。

要使用Adobe Bridge打开并预览文件，执行【文件】>【在Bridge中浏览】命令以打开 Adobe Bridge，找到该文件，然后执行【文件】>【打开方式】>【Adobe Illustrator CS6】命令。

2．置入文档

【置入】命令是导入的最主要方式，因为该命令提供有关文件格式、置入选项和颜色的最高级别的支持。置入文件后，可以使用【链接】面板来识别、选择、监控和更新文件。

首先执行【文件】>【置入】命令，在弹出的【置入】对话框中选择要置入的文件。勾选【链接】复选框可创建文件的链接，取消勾选【链接】复选框可将图稿嵌入 Illustrator文档。然后单击【置入】按钮。

置入具有多个页面的 PDF 文件时，可以选择要置入的页面以及裁剪图稿的方式。

嵌入Adobe Photoshop文件时，可以选择转换图层的方式。

1.2.3 实战案例——拖曳复制路径

01 打开"素材\第1章\盘.ai"，如图1-9所示。

02 用同样的方法打开"花边1.ai"和"花边2.ai"两个文件，放置在合适位置，如图1-10所示。

图1-9 图1-10

03 按住【Alt（windows）/Option（Mac OS）】键拖曳【花边2】路径，使其复制一个。选择工具箱中的【选择工具】将复制路径放置在合适位置并旋转复制路径，如图1-11所示。

04 重复上一步操作完成青花瓷盘，如图1-12所示。

 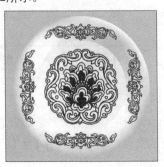

图1-11 图1-12

1.3 画板

画板是包含可打印图稿的区域。通过选择【画板选项】对话框中的设置，调整图稿大小并设置其方向。

可以将画板作为裁剪区域以满足打印或置入的需要，这些画板与 Illustrator CS3 中的裁剪区域的作用相同。可以使用多个画板来创建各种内容，例如，多页 PDF、大小或元素不同的打印页面、网站的独立元素、视频故事板或者组成 Adobe Flash 或 After Effects 中的动画的各个项目。

1.3.1 使用多个画板

根据文档大小的不同，每个文档可以有1~100个画板，如图1-13所示。可以在最初创建文档时指定文档的画板数，在处理文档的过程中可以随时添加和删除画板。可以创建大小不同的画板，使用【画板工具】调整画板大小，并且可以将画板放在屏幕上的任何位置，甚至可以让它们彼此重叠。Illustrator CS6 还提供了使用【画板】面板重新排序和重新排列画板的选项，还可以为画板指定自定义名称，并为画板设置参考点。

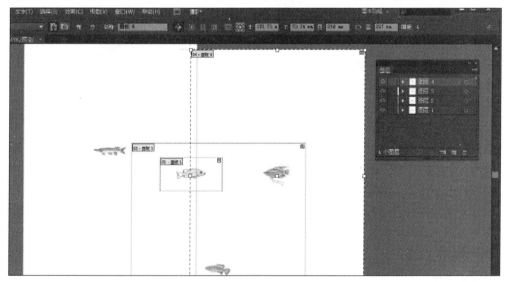

图1-13

1.3.2 查看画板和画布

可以通过显示打印拼贴（执行【视图】>【显示打印拼贴】命令）来查看与画板相关的页面边界。当打印拼贴开启时，会通过窗口最外边缘和页面的可打印区域之间的一系列实线和虚线来表示可打印和打印不出的区域。

每个画板都由实线定界，表示最大可打印区域。要隐藏画板边界，执行【视图】>【隐藏画板】命令，如图1-14所示。画布是画板外部的区域，它可扩展到220英寸正方形窗口的边缘。画布是指在将图稿的元素移动到画板上之前，可以在其中创建、编辑和存储这些元素的空间，如图1-15所示。**放置在画布上的对象在屏幕上是可见的，但它们不会被打印出来。**

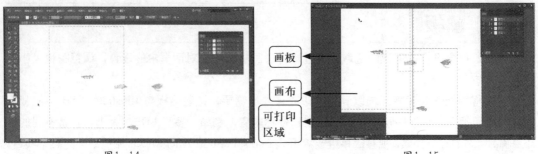

图1—14　　　　　　　　　　　　　　　　　　图1—15

要居中画板并缩放以适合屏幕，请单击状态栏（位于应用程序窗口底部）中的画板编号。

1.3.3　画板选项

通过双击【画板工具】，或者单击【画板工具】后再单击选项栏中的【画板选项】按钮，都可以打开【画板选项】对话框，如图1—16所示。

【预设】：指定画板尺寸。这些预设为指定输出设置了相应的视频标尺像素长宽比。

【宽度】和【高度】：指定画板大小。

【方向】：指定横向或纵向页面方向。

【约束比例】：手动调整画板大小时，最好保持画板长宽比不变。

【X/Y】：根据 Illustrator 工作区标尺来指定画板位置。要查看这些标尺，请执行【视图】>【显示标尺】命令。

【显示中心标记】：在画板中心显示一个点。

【显示十字线】：显示通过画板每条边中心的十字线。

图1—16

【显示视频安全区域】：显示参考线，这些参考线表示位于可查看的视频区域内的区域。你需要将用户必须能够查看的所有文本和图稿都放在视频安全区域内。

【视频标尺像素长宽比】：指定用于视频标尺的像素长宽比。

【渐隐画板之外的区域】：当画板工具处于现用状态时，显示的画板之外的区域比画板内的区域暗。

【拖动时更新】：在拖动画板以调整其大小时，使画板之外的区域变暗。如果未选择此选项，那么在调整画板大小时，画板外部区域与内部区域显示的颜色相同。

【画板】：指示存在的画板数。

1.3.4　创建画板

可以选择下列任一方式来创建画板。

方法一：

要创建自定义画板，首先选择【画板工具】选项，然后在工作区内拖动以定义画板形状、大小和位置。

方法二：

要使用预设画板，双击【画板工具】按钮，在【画板选项】对话框中选择一个预设，然后单击【确定】按钮，拖动画板以将其放在所需的位置。

方法三：

要在现用画板中创建画板，按住【Shift】键并使用【画板工具】拖动。

方法四：

要复制现有画板，选择【画板工具】选项，单击以选择要复制的画板，并单击选项栏中的【新建画板】按钮，然后单击放置复制画板的位置。要创建多个复制画板，可以按住【Alt（Windows）/ Option（Mac OS）】键，并多次单击直到获得所需的数量。也可以使用【画板工具】，按住【Alt（Windows）/ Option（Mac OS）】键，并拖动要复制的画板。

方法五：

要复制带内容的画板，选择【画板工具】选项，单击选项栏上的【移动/复制带画板的图稿】按钮，按住【Alt（Windows）/ Option（Mac OS）】键，然后拖动。

要确认该画板并退出画板编辑模式，单击工具箱中的其他任何一种工具或按【Esc】键。

1.3.5 编辑画板

可以为文档创建多个画板，但每次只能有一个画板处于现用状态。定义了多个画板时，可以通过选择【画板工具】来查看所有画板。每个画板都进行了编号，以便于引用。可以随时编辑或删除画板，并且可以在每次打印或导出时指定不同的画板。

选择【画板工具】选项，单击以选中画板。

若要调整画板大小，则将鼠标指针置于边缘或边角处，当指针变为双向箭头时，通过拖动进行调整；或者在选项栏中指定新的【宽度】和【高度】值。

若要更改画板的方向，则单击选项栏中的【纵向】或【横向】按钮。

要在画板之间旋转，可以按住【Alt（Windows）／ Option（Mac OS）】键单击任意方向键。

要以轮廓模式查看画板及其内容，可以在画板上单击鼠标右键，在弹出的快捷菜单中执行【轮廓】命令。

要重新查看图稿，可以在画板上单击鼠标右键，在弹出的快捷菜单中执行【预览】命令。

1.4 矢量图与位图

计算机以矢量图或位图格式显示图形。了解这两种格式的差别有助于设计师更有效地工作。

1. 矢量图

矢量图使用直线和曲线（称为矢量）描述图像，这些矢量还包括颜色和位置属性，如图1-17所示。

图1-17

在编辑矢量图时，可以修改描述图形形状的线条和曲线的属性，可以对矢量图进行移动、调整大小、改变形状以及更改颜色的操作而不更改其外观品质。矢量图与分辨率无关。也就是说，它们可以显示在各种分辨率的输出设备上，而丝毫不影响品质。

2．位图

位图图像（在技术上称作栅格图像）使用图片元素的矩形网格（像素）表现图像，如图1-18所示。每个像素都配有特定的位置和颜色值。在处理位图图像时，所编辑的是像素，而不是对象或形状。位图图像是连续色调图像（如照片或数字绘画）最常用的电子媒介，因为它们可以更有效地表现阴影和颜色的细微层次。

位图是由像素拼合而成的图像，它与分辨率有关。因此，以高缩放比率对图像进行缩放或者以低于创建时的分辨率来打印它们时，将会使图像线条和形状出现锯齿。

图1-18

1.5 本章小结

本章主要介绍Illustrator CS6的一些基础知识，让设计师对Illustrator CS6有一个初步的认识，能够熟练运用和掌握Illustrator CS6的基本操作方法，为后面的深入操作打下坚实的基础。

1.6 本章习题

1．选择题

（1）工具箱中的工具共分为九大类，其中不包括（　　）。

A．选择工具组　　　　B．上色工具组　　　　C．旋转工具组　　　　D．符号工具组

（2）一般情况下，图像分为两种，其中不包括（　　）。

A．矢量图　　　　　　B．位图　　　　　　　C．像素图

2．问答题

（1）什么是矢量图和位图？

（2）矢量图和位图的区别是什么？

第2章

路径绘制工具

在Illustrator中有许多工具可以用来创建路径，绘制矢量图可以通过路径来完成，它是构成对象的基本元素，可以对路径进行控制和编辑。

本章学习要点

➡ 了解绘制路径的基本方法
➡ 掌握钢笔工具的基本操作
➡ 掌握画笔工具的基本功能

2.1 路径介绍

要在Illustrator中绘制矢量图可以通过路径来完成，可以对路径进行控制和编辑，路径是Illustrator中最基础也是最重要的部分。

2.1.1 路径的概念

路径由一个或多个直线或曲线线段组成，每个线段的起点和终点由锚点（类似于固定导线的销钉）标记，如图2-1所示。

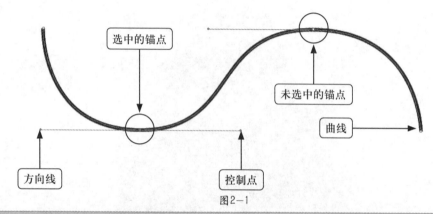

图2-1

> **小知识**
>
> 在 Illustrator 中，通过执行【视图】>【显示边缘】或【视图】>【隐藏边缘】命令，可以显示或隐藏锚点、方向线和控制点。

路径可以是闭合的（例如圆圈），如图2-2所示；也可以是开放的，并具有不同的端点（例如波浪线），如图2-3所示。

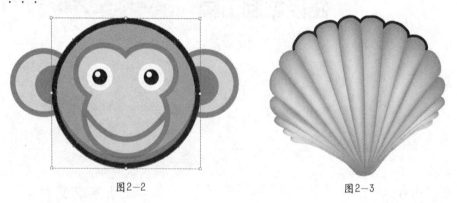

图2-2   图2-3

2.1.2 路径工具的相关内容

路径工具又称为绘图工具。它是用来创建或编辑路径的工具库，包括【**钢笔工具**】、【**添**

加锚点工具】、【删除锚点工具】、【转换锚点工具】、【铅笔工具】、【平滑工具】以及
【擦除工具】。

2.2 绘制路径

可以使用【钢笔工具】来绘制路径和编辑路径，它具有相当强大的功能，可以绘制各式各样的路径。

2.2.1 绘制直线

使用【钢笔工具】可以绘制最简单的路径是直线，通过单击【钢笔工具】按钮创建两个锚点，继续单击可创建由角点连接的直线段组成的路径。

选中工具箱中的【钢笔工具】，将其定位到所需的直线段起点并单击，以定义第一个锚点，如图2-4所示。

图2-4

> **小知识**
>
> 单击第二个锚点之前，绘制的第一个点的方向线不可见，如果显示方向线，就表示意外拖动了【钢笔工具】。

在线段结束的位置再次单击鼠标左键，如图2-5所示。

根据路径需要继续单击以添加锚点，如图2-6所示。

图2-5

图2-6

> **小知识**
>
> 最后添加的锚点总是显示为实心方形，表示已选中状态，当添加更多的锚点时，以前定义的锚点会变成空心并被取消选择。

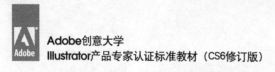
将【钢笔工具】定位在第一个锚点上，单击或拖动即可闭合刚绘制的路径，如图2-7所示。

图2-7

小知识

若要保持路径开放，按住【Ctrl（Windows）/Command（Mac OS）】键并单击远离所有对象的任何位置；还可以选择其他工具，或执行【选择】>【取消选择】命令。

2.2.2 绘制曲线

【钢笔工具】同样可以创建曲线：在曲线改变方向的位置添加一个锚点，然后拖动构成曲线形状的方向线。方向线的长度和斜度决定了曲线的形状。

选择工具箱中的【钢笔工具】选项，在页面空白处按住鼠标左键不放并向上拖曳鼠标，直到合适的长度，如图2-8所示。

在锚点旁边的位置按住鼠标左键不放并向下拖曳到合适位置，添加第二个锚点，如图2-9所示。

继续从不同的位置拖动【钢笔工具】以创建一系列平滑曲线，如图2-10所示。

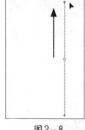
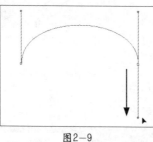
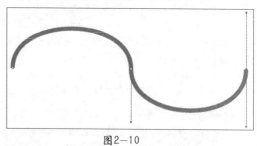

图2-8　　　　　图2-9　　　　　图2-10

2.2.3 绘制时重新定位锚点

使用【钢笔工具】单击创建锚点后，按住鼠标左键不放，并按住【Alt （Windows）/Option （Mac OS）】键，然后拖动以重新定位锚点，如图2-11所示。

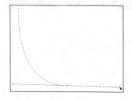
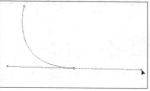
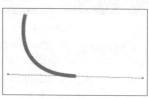

图2-11

2.3 编辑路径

在编辑路径的过程中主要用到的工具就是【选择工具】和【直接选择工具】，通过这两个工具来修改或者拖动路径。

2.3.1 选择锚点和路径段

在改变路径形状或编辑路径之前，必须选择路径的锚点或路径段。

1. 选择锚点

选择工具箱中的【直接选择工具】选项，将鼠标移动到路径上，当锚点以空心正方形显示时，单击鼠标左键即选中该锚点，如图2-12所示。

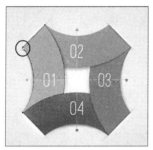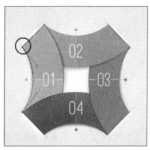

图2-12

> **小知识**
>
> 在选中一个锚点的情况下，按住【Shift】键的同时单击其他需要被选中的锚点，可以同时选中多个锚点。

还可以使用【套索工具】，在需要被选中的锚点周围拖动，按住【Shift】键并在其他锚点周围拖移可以同时选中其他锚点，如图2-13所示。

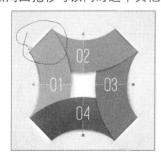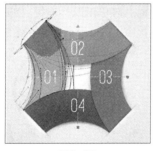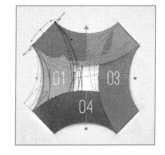

图2-13

2. 选择路径段

选择工具箱中的【直接选择工具】选项，单击两个锚点中间的线段，可以选中该路径段，如图2-14所示。

也可以使用【套索工具】在路径段周围拖动以选中该路径段，如图2-15所示。

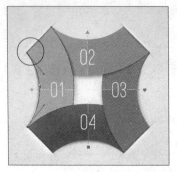
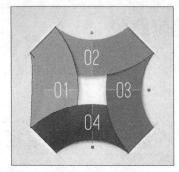

图2-14

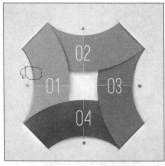
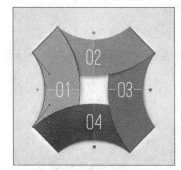

图2-15

2.3.2 连接路径

1. 连接两条开放路径

绘制两条开放路径，如图2-16所示。选择工具箱中的【钢笔工具】选项，将鼠标指针移动到其中一条路径的端点上，选中锚点时单击鼠标左键，如图2-17所示。

图2-16　　　　　　　　　　　　　　　　图2-17

将鼠标指针移动到另一条路径的端点上，指针发生变化，如图2-18所示。单击鼠标左键，两条路径连接起来，如图2-19所示。

图2-18　　　　　　　　　　　　　　图2-19

2．连接两个端点

绘制如图2-20所示的路径。选择工具箱中的【直接选择工具】选项，选中需要连接的两个端点，如图2-21所示。

图2-20　　　　　　　　　　　　　　图2-21

在选项栏中单击【连接所选终点】按钮，如图2-22所示。可以看到两个端点连接到一起，如图2-23所示。

图2-22　　　　　　　　　　　　　　图2-23

3．连接两个或更多路径

选中多条路径，执行【对象】>【路径】>【连接】命令，所有路径连接成一条路径，如图2-24所示。

图2—24

如果只选择连接一条路径，它将转换成封闭路径，如图2—25所示。

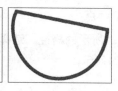

图2—25

> **小知识**
>
> 　　当所绘制的路径锚点未重合时，Illustrator 将添加一个直线段来连接要连接的路径。当连接两个以上的路径时，Illustrator 首先查找并连接彼此之间端点最近的路径。此过程将重复进行，直至连接完所有路径。

2.3.3 修改路径

　　绘制好的路径如果还有不满意的地方，可以用【直接选择工具】来移动路径上的锚点和控制点，拖动方向线来改变路径的形状。

　　选择工具箱中的【直接选择工具】选项，选中需要改变的锚点，可以看到被选中的锚点变成实心的，如图2—26所示。

　　用鼠标拖曳选中的锚点，路径发生变化，如图2—27所示。

图2—26　　　　　　　　　　　图2—27

> **小知识**
>
> 　　使用【直接选择工具】，拖曳鼠标选中路径，选中的路径方向点是实心的，锚点是空心的，表示选中的是路径而不是锚点。

2.3.4 / 添加和删除锚点

添加锚点可以增强对路径的控制，也可以扩展开放路径，但最好不要添加多余的点。点数较少的路径更易于编辑、显示和打印，可以通过删除不必要的点来降低路径的复杂性。

选择工具箱中的【多边形工具】选项，在页面中绘制一个五边形，填充"CMYK黄"，如图2-28所示。

选择工具箱中的【添加锚点工具】选项，在其中的一条边的中间位置添加一个锚点，如图2-29所示；使用同样的方法在其他四边上添加锚点，如图2-30所示。

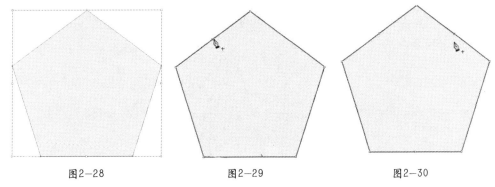

| 图2-28 | 图2-29 | 图2-30 |

选择工具箱中的【直接选择工具】选项，选中如图2-31所示的锚点，将其向下拖曳，如图2-32所示；使用同样的方法拖曳其他锚点，如图2-33所示。

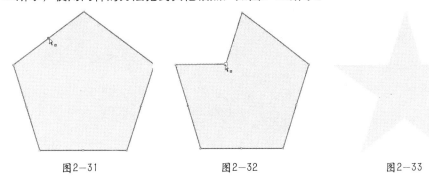

| 图2-31 | 图2-32 | 图2-33 |

选择工具箱中的【删除锚点工具】选项，在需要删除的锚点处单击鼠标左键，如图2-34所示。

图2-34

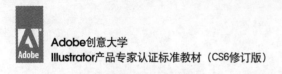

不要使用【Delete】键和【Backspace】键或执行【编辑】>【剪切】和【编辑】>【清除】命令删除锚点，这些键和命令将删除该锚点和连接到该锚点的线段。

2.3.5 / 转换锚点

【转换锚点工具】可以使绘制形状的角变得平滑或者尖锐。

选择工具箱中的【转换锚点工具】选项，将鼠标放到需要转换的锚点上，单击并拖曳鼠标，可以看到锚点发生变化，如图2-35所示。使用同样的方法将其他锚点也转换成平滑的曲线，如图2-36所示。

图2-35   图2-36

选择工具箱中的【转换锚点工具】选项，在平滑点上单击鼠标左键，平滑曲线就变成了角点，如图2-37所示。

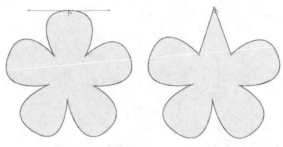

图2-37

2.4 铅笔工具、平滑工具和橡皮擦工具

在Illustrator CS6中，铅笔工具、平滑工具和橡皮擦工具是工具箱中比较重要的工具，下面是对其工具选项的基本介绍。

2.4.1 / 铅笔工具

【铅笔工具】可用于绘制开放路径和闭合路径，就像用铅笔在纸上绘图一样。绘制路径后，如有需要可以立刻更改。设置的锚点数量由路径的长度和复杂程度以及【铅笔工具选项】

对话框中的容差设置决定。

1. 铅笔工具选项

选择工具箱中的【铅笔工具】，双击后弹出【铅笔工具选项】对话框，如图2-38所示。

图2-38

（1）【保真度】：控制必须将鼠标或光笔移动多大距离才会向路径添加新锚点。值越大，路径就越平滑，复杂度就越低。值越小，曲线与指针的移动就越匹配，从而将生成更尖锐的角度。保真度的范围可以从 0.5 ～ 20 像素。

（2）【平滑度】：控制使用工具时所应用的平滑量。平滑度的范围可以从0%～100%。值越大，路径就越平滑。值越小，创建的锚点就越多，保留的线条的不规则度就越高。

（3）【填充新铅笔描边】：在选择此选项后将对绘制的铅笔描边应用填充，但不对现有铅笔描边应用填充，在绘制铅笔描边前选择填充。

（4）【保持选定】：确定在绘制路径之后是否保持路径的所选状态，此选项默认为已选中。

（5）【编辑所选路径】：确定与选定路径相距一定距离时，是否可以更改或合并选定路径（通过下一个选项指定）。

（6）【范围】：限定于选择了【编辑所选路径】选项后，用来决定鼠标或光笔与现有路径必须达到多近的距离，才能使用【铅笔工具】编辑路径。

2. 使用铅笔工具绘图

（1）使用【铅笔工具】绘制自由路径

选择工具箱中的【铅笔工具】选项，将鼠标指针移动到路径开始的地方，如图2-39所示；单击鼠标左键后拖动鼠标，可以看到一条点线跟随鼠标指针出现，如图2-40所示；路径会应用当前的描边和填色属性，并且默认情况下处于选中状态，如图2-41所示。

图2-39　　　　图2-40　　　　图2-41

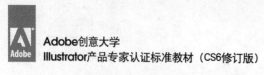
（2）使用【铅笔工具】绘制闭合路径

选择工具箱中的【铅笔工具】选项，将鼠标指针移动到路径开始的地方，然后拖动鼠标，开始拖动后，按住【Alt （Windows）／ Option （Mac OS）】键，如图2-42所示；当路径达到所需大小和形状时，松开鼠标，路径闭合后，松开【Alt （Windows）/ Option （Mac OS）】键，如图2-43所示。

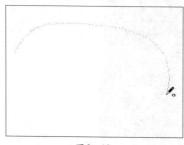

图2-42　　　　　　　　　　　图2-43

小知识

不必将光标放在路径的起始点上就可以创建闭合路径，如果在某个其他位置释放鼠标，【铅笔工具】将通过创建返回原点的最短线条来闭合形状。

3. 使用【铅笔工具】编辑路径

可以使用【铅笔工具】编辑任何路径，并在任何形状中添加任意线条和形状。

（1）使用【铅笔工具】添加到路径

使用【选择工具】选中现有路径，选择【铅笔工具】选项，将铅笔笔尖定位到路径端点，如图2-44所示；拖动以继续路径，如图2-45所示。

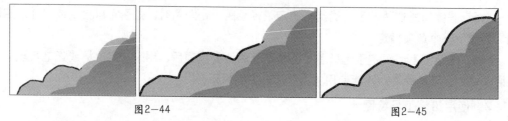

图2-44　　　　　　　　　　　　　　　图2-45

（2）使用【铅笔工具】连接两条路径

使用【选择工具】选中两条路径，选择【铅笔工具】选项，将指针定位到希望从一条路径开始的地方，如图2-46所示；然后开始向另一条路径拖动，开始拖移后，按住【 Ctrl （Windows）/Command（Mac OS）】键，拖动到另一条路径的端点上，释放鼠标，然后松开【Ctrl（Windows）/Command（Mac OS）】键，如图2-47所示。

图2-46　　　　　　　　　　　　　　　图2-47

（3）使用【铅笔工具】改变路径形状

使用【选择工具】选中要更改的路径，将【铅笔工具】定位在要重新绘制的路径上或附近，如图2-48所示；拖动工具直到路径达到所需形状，如图2-49所示。

图2-48 图2-49

小知识

根据希望重新绘制路径的位置和拖动方向，可能会得到意想不到的结果。例如，可能意外将闭合路径更改为开放路径，将开放路径更改为闭合路径，或丢失形状的一部分。

2.4.2 实战案例——钢笔工具

【钢笔工具】可以直接产生线段路径和曲线路径。

01 打开"素材\第2章\练习.ai"，如图2-50所示。

图2-50

02 使用工具箱中的【钢笔工具】绘制一个闭合路径，如图2-51所示。设置"描边"为"无"、"填充"为白色，并将其放置到合适的位置，如图2-52所示。

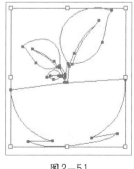 

图2-51 图2-52

2.4.3 平滑工具

使用【平滑工具】可以平滑路径外观，也可以通过删除多余的锚点简化路径。

双击【平滑工具】按钮，可以弹出【平滑工具选项】对话框，如图2-53所示，设置与【铅笔工具】类似。

图2-53

（1）【保真度】：控制必须将鼠标或光笔移动多大距离时才会向路径添加新锚点。例如，保真度值为2.5，表示小于2.5像素的工具移动将不生成锚点。保真度的范围可介于0.5~20像素之间，值越大，路径越平滑，复杂程度越小。

（2）【平滑度】：控制使用工具时应用的平滑量。平滑度的值介于0%~100%之间，值越大，路径越平滑。

对路径进行平滑处理时，首先应该选中路径，然后选中【平滑工具】，如图2-54所示。

沿要平滑的路径线段长度拖动工具，释放鼠标后，路径就会变得比较平滑，没有那么尖锐了，如图2-55所示；继续平滑直到达到所需平滑度，如图2-56所示。

图2-54

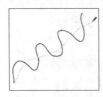
图2-55

图2-56

2.4.4 实战案例——应用平滑工具

[01] 使用【平滑工具】可以平滑路径外观，也可以通过删除多余的锚点简化路径。

在文档中使用【钢笔工具】绘制一条闭合路径，如图2-57所示。

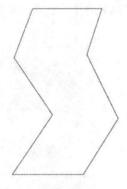

图2-57

02 使用【直接选择工具】选中描点，单击 ，如图2-58所示。

图2-58

03 使用同样的方法，将部分描点转换，如图2-59所示。

图2-59

2.4.5 擦除工具

可以使用【路径橡皮擦工具】或【橡皮擦工具】擦除图稿的一部分。【路径橡皮擦工具】可以通过沿路径进行绘制来抹除此路径的各个部分，当要抹除的部分限定为一个路径段时，【路径橡皮擦工具】很有用。【橡皮擦工具】可以擦除图稿的任何区域，而不会管图稿的结构如何。可以对路径、复合路径、"实时上色"组内的路径和剪贴路径使用【橡皮擦工具】。

1. 路径橡皮擦工具的使用

使用【选择工具】选中对象，如图2-60所示；选择【路径橡皮擦工具】选项，沿着需要擦除的路径拖曳鼠标，如图2-61所示；可以看到路径被擦除，如图2-62所示。

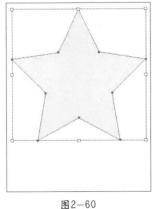

图2-60

图2-61

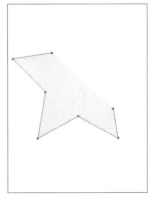

图2-62

2．橡皮擦工具的使用

选择工具箱中的【橡皮擦工具】选项，在需要擦除的区域拖曳鼠标，擦除图稿，如图2-63所示。

图2-63

> **小知识**
>
> 若要擦除特定对象，则在隔离模式下选择或打开这些对象；若要擦除画板上的任何对象，则让所有对象处于未选定状态。
>
> 若要使用【橡皮擦工具】沿垂直、水平或对角线方向擦除，则按住【Shift】键并拖动；若要围绕一个区域创建选框并擦除该区域内的所有内容，则按住【Alt（Windows）/ Option（Mac OS）】键并拖动；若要将选框限制为方形，则按住【Alt（Windows）/ Option（Mac OS）+Shift】键并拖动。

双击【橡皮擦工具】按钮可以弹出【橡皮擦工具选项】对话框，如图2-64所示。

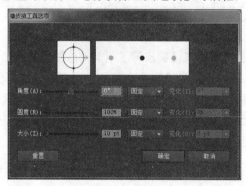

图2-64

（1）【角度】：确定此工具旋转的角度。拖移预览区中的箭头，或在【角度】文本框中输入一个值。

（2）【圆度】：确定此工具的圆度。将预览中的黑点朝向或背离中心方向拖移，或者在【圆度】文本框中输入一个值，该值越大，圆度就越大。

（3）【大小】：确定此工具的直径。使用【大小】滑块，或在【大小】文本框中输入一个值。

每个选项右侧的下拉列表可以控制此工具的形状变化，可以选择下列其中一个选项。

【固定】：使用固定的角度、圆度或直径大小。

【随机】：使角度、圆度或直径大小随机变化。在【变化】文本框中输入一个值，指定画笔特征的变化范围。

【压力】：根据绘画光笔的压力使角度、圆度或直径大小发生变化，此选项与【直径】选项一起使用时非常有用，只当有图形输入板时，才能使用该选项。在【变化】文本框中输入一个值，指定画笔特性将在原始值的基础上有多大变化。

【光笔轮】：根据光笔轮的操作使直径大小发生变化。

【倾斜】：根据绘画光笔的倾斜使角度、圆度或直径大小发生变化，此选项与【圆度】一起使用时非常有用。只当具有可以检测钢笔倾斜方向的图形输入板时，此选项才可用。

【方位】：根据绘画光笔的压力使角度、圆度或直径大小发生变化，此选项对于控制书法画笔的角度（特别是在使用像画刷一样的画笔时）非常有用。只当具有可以检测钢笔垂直程度的图形输入板时，此选项才可用。

【旋转】：根据绘画光笔笔尖的旋转程度使角度、圆度或直径大小发生变化，此选项对于控制书法画笔的角度（特别是在使用像平头画笔一样的画笔时）非常有用。只当具有可以检测这种旋转类型的图形输入板时，才能使用此选项。

> **小知识**
>
> 在使用【擦除工具】时可以随时更改直径，按【]】键可增加直径，按【[】键可减少直径。

2.5 画笔工具介绍

画笔可使路径的外观具有不同的风格，可以将画笔描边应用于现有的路径，也可以使用【画笔工具】在绘制路径的同时应用画笔描边。

2.5.1 画笔工具

Illustrator 中有不同的画笔类型：书法、散布、艺术、图案和毛刷，如图2-65所示，使用这些画笔可以达到下列效果。

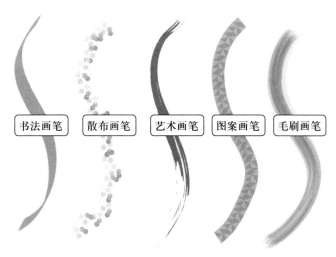

书法画笔　散布画笔　艺术画笔　图案画笔　毛刷画笔

图2-65

【书法画笔】：创建的描边类似于使用书法钢笔带拐角的尖绘制的描边以及沿路径中心绘制的描边。

【散布画笔】：将一个对象的许多副本沿着路径分布。

【艺术画笔】：沿路径长度均匀拉伸画笔形状（如粗炭笔）或对象形状。

【图案画笔】：绘制一种图案，该图案由沿路径重复的各个拼贴组成，图案画笔最多可以包括 5 种拼贴，即图案的边线、内角、外角、起点和终点。

【毛刷画笔】：使用毛刷创建具有自然画笔外观的画笔描边。

2.5.2 画笔类型面板

执行【窗口】>【画笔】命令，可以打开【画笔】面板，如图2-66所示。【画笔】面板显示当前文件的画笔，无论何时从画笔库中选择画笔，都会自动将其添加到【画笔】面板中。创建并存储在【画笔】面板中的画笔仅与当前文件相关联，即每个 Illustrator 文件可以在其【画笔】面板中包含一组不同的画笔。

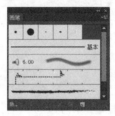

图2-66

1．显示或隐藏画笔类型

从【画笔】面板中右侧三角快捷菜单中选择以下任何选项：显示书法画笔、显示散点画笔、显示毛刷画笔、显示图案画笔、显示艺术画笔，如图2-67所示。

2．更改画笔视图

从【画笔】面板中右侧三角快捷菜单中选择【缩览图视图】或【列表视图】选项，如图2-68所示。

 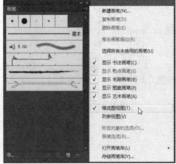 

图2-67　　　　　　　　　　　　　　　　　　　　图2-68

3．在画笔面板中更改画笔的顺序

在【画笔】面板中可以将画笔拖到新位置，但是画笔只能在其所属的类别中移动，例如，不能把"书法"画笔移到"散布"画笔区域，如图2—69所示。

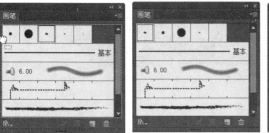

图2—69

4．在画笔面板中复制画笔

将画笔拖到【新建画笔】按钮上，或者从【画笔】面板中右侧三角快捷菜单中选择【复制画笔】选项，如图2—70所示。

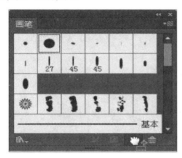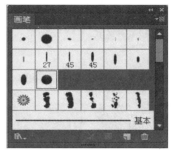

图2—70

2.5.3 / 应用画笔描边

可以将画笔描边应用于由任何绘图工具（包括【钢笔工具】、【铅笔工具】或基本的形状工具）所创建的路径。

使用【选择工具】选中路径，然后从画笔库、【画笔】面板或选项栏中选择一种画笔，如图2—71所示。

图2—71

或者将画笔拖到路径上，如果所选的路径已经应用了画笔描边，那么新画笔将取代旧画笔，如图2—72所示。

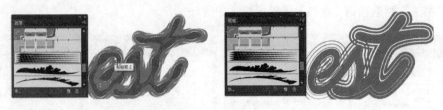

图2-72

2.5.4 移去画笔描边

使用选择工具选中一条用画笔绘制的路径，如图2-73所示。在【画笔】面板中，从面板右上角的三角快捷菜单中选择【移去画笔描边】选项，或者单击【移去画笔描边】按钮，如图2-74所示。

图2-73   图2-74

2.5.5 将画笔描边转换为轮廓

可以将画笔描边转换为轮廓路径，以编辑用画笔绘制的路径上的各个部分。

使用【选择工具】选中一条用画笔绘制的路径，如图2-75所示。执行【对象】>【扩展外观】命令，如图2-76所示，即可转换为轮廓。

图2-75

图2-76

2.6 综合案例——制作卡通人物

在本案例中，通过使用【钢笔工具】、【渐变】面板和【颜色】面板绘制一个卡通人物。

> **知识要点提示**
>
> 【钢笔工具】的使用
> 【颜色】面板的使用

> **操作步骤**

01 使用工具箱中的【钢笔工具】，在页面中打下第一个锚点，在第一个锚点的正右方的位置按住鼠标左键并使其直线变为曲线打下第二锚点，如图2-77所示。

02 使用同样的方法继续添加描点，完成卡通人物的外轮廓勾勒，如图2-78所示。

图2-77   图2-78

03 打开【颜色】面板，将头和脚图像块进行填充，设置颜色为"C13、M39、Y45、K0"，描边颜色设置为"C37、M52、Y70、K0"，描边粗细为"3px"，效果如图2-79所示。依照同样的方法对其他图像块进行设置，颜色分别为胳膊"C6、M29、Y32、K0"，衣服"C25、M90、Y96、K0"，头发"C72、M66、Y72、K29"，效果分别如图2-80、图2-81和图2-82所示。

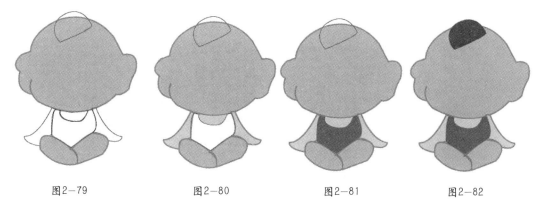

图2-79   图2-80   图2-81   图2-82

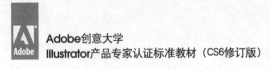
04 使用工具箱中的【钢笔工具】，绘制卡通人物头部部分，效果如图2-83所示。

图2-83

05 打开【颜色】面板，对卡通人物头部图像块进行填充，设置颜色分别为头发"C85、M82、Y82、K69"，嘴"C37、M91、Y100、K3"，舌头"C21、M91、Y100、K0"，牙"C0、M0、Y0、K0"，耳朵"C16、M65、Y54、K0"，"描边"为"无"，效果如图2-84～图2-88所示。使用同样的方法将腿部和面部的参数设置为"C6、M29、Y32、K0"，制作效果如图2-89所示，至此完成了卡通人物的制作。

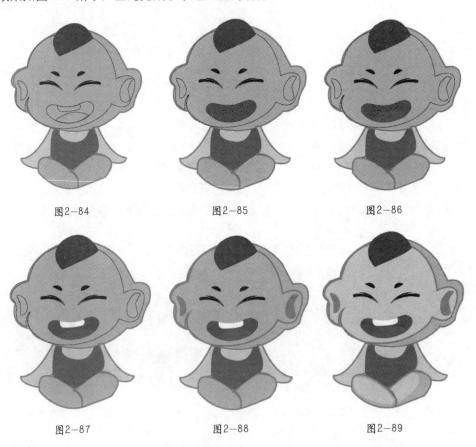

图2-84　　　　　图2-85　　　　　图2-86

图2-87　　　　　图2-88　　　　　图2-89

2.7　本章小结

　　绘制路径是我们操作图稿的一项最基本的工作，路径对我们更加复杂的工作有很大的帮助。

2.8　本章习题

1．选择题

　　（1）用来创建或编辑路径的工具不包括（　　）。

　　　　A. 钢笔工具　　　　　　B. 添加描点工具　　　　C. 擦除工具　　　　D. 路径工具

　　（2）通过沿路径进行绘制来抹除此路径的各个部分，如果要抹除的部分限定为一个路径段时用（　　）。

　　　　A. 橡皮擦工具　　　　　B. 删除工具　　　　　　C. 路径橡皮擦工具

　　（3）在Illustrator 中有多种画笔类型，使用这些画笔可以达到不同的效果，其中不包括（　　）。

　　　　A. 书法　　　　　　　　B. 艺术　　　　　　　　C. 毛刷　　　　　　D. 图形

2．操作题

　　（1）练习直线、曲线的绘制方法。

　　（2）练习使用【铅笔工具】。

第3章

图形绘制与颜色填充

本章主要介绍基本绘图工具的使用以及颜色填充的方法，设计师可以通过基本绘图工具绘制出基本的图形效果，使用色板、渐变等为图形填充或描边以便绘制更加完美的矢量图。

本章学习要点

- ➡ 了解基本绘图工具的使用方法
- ➡ 掌握对象的基本操作
- ➡ 了解颜色填充的基本方法

3.1 基本绘图工具

在Illustrator CS6的工具箱中,有3组绘制基本图形的工具,第一组包括【直线段工具】、【弧线工具】、【螺旋线工具】、【矩形网格工具】和【极坐标网格工具】;第二组包括【矩形工具】、【圆角矩形工具】、【椭圆工具】、【多边形工具】、【星形工具】和【光晕工具】;第三组包括【透视网格工具】和【透视选区工具】。

3.1.1 直线段工具

当需要一次绘制一条直线段时可以使用【直线段工具】,【直线段工具】的使用非常简单,可直接绘制各种方向的直线。

选择工具箱中的【直线段工具】选项,在希望开始的地方单击并拖曳鼠标至适当的长度后松开鼠标,可以看到绘制了一条直线,如图3-1所示。

如果需要绘制精确长度和角度的线段,可以选择工具箱中的【直线段工具】选项,在页面中单击鼠标左键,弹出【直线段工具选项】对话框,如图3-2所示;可以在其中设置【长度】和【角度】,最终效果如图3-3所示。

图3-1

图3-2

图3-3

> **小知识**
>
> 若要使绘制的直线可随鼠标拖曳到任意位置,可以在拖曳鼠标(未松开)的同时按住键盘上的空格键。
>
> 若要绘制出固定角度的直线,如水平、竖直及45°角的倍数的方向的直线,可以按住【Shift】键拖曳鼠标。

3.1.2 弧线工具

【弧线工具】用来绘制各种曲率和长短的弧线。

在工具箱中选择【弧线工具】选项，在希望开始的地方单击并拖曳鼠标至适当的长度后松开鼠标，可以看到绘制了一条弧线，如图3-4所示。

图3-4

如果需要绘制精确弧线，可以选择【弧线工具】选项，在页面上单击鼠标左键，鼠标的落点即是绘制弧线的起点，弹出【弧线段工具选项】对话框，如图3-5所示。

（1）【X轴长度】：指定弧线宽度，如图3-6所示。

（2）【Y轴长度】：指定弧线高度，如图3-6所示。

（3）【类型】：指定让对象为开放路径还是封闭路径。

（4）【基线轴】：指定弧线方向。根据希望沿"水平（X）轴"还是"垂直（Y）轴"绘制弧线基线来选择X轴还是Y轴。

（5）【斜率】：指定弧线斜率的方向。对凹入（向内）斜率输入负值，对凸起（向外）斜率输入正值，斜率为0将创建直线。

（6）【弧线填色】：以当前填充颜色为弧线填色。

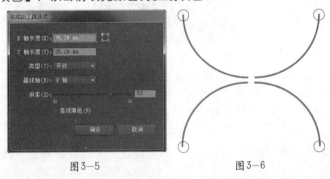

图3-5   图3-6

分别在【X轴长度】、【Y轴长度】和【斜率】数值框中输入数值，单击【确定】按钮，页面上就出现了一条确定曲率、长短的弧线，如图3—7所示。

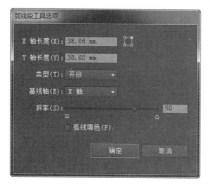

图3—7

3.1.3 / 螺旋线工具

【螺旋线工具】用来绘制各种螺旋线。

在工具箱中选择【螺旋线工具】选项，在希望的螺旋线起点处单击并拖曳鼠标，如图3—8所示。

拖曳出所需的螺旋线后松开鼠标，螺旋线绘制完成，如图3—9所示。

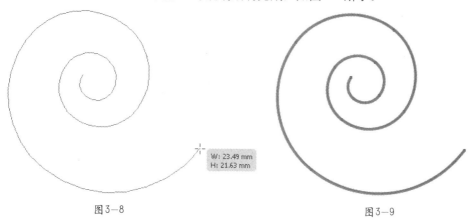

图3—8   图3—9

选择【螺旋线工具】选项，在页面中单击鼠标左键，弹出【螺旋线】对话框，如图3—10所示。

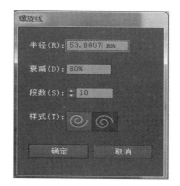

图3—10

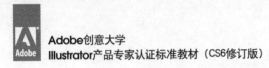
（1）【半径】：指定从中心到螺旋线最外点的距离。

（2）【衰减】：指定螺旋线的每一螺旋相对于上一螺旋应减少的量。

（3）【段数】：指定螺旋线具有的线段数。螺旋线的每一个完整螺旋由4条线段组成。

（4）【样式】：指定螺旋线方向。

> **小知识**
>
> 拖曳鼠标（未松开）的同时，按【R】键可改变涡形的旋转方向；按【↑】、【↓】方向键可增加或减少涡形路径片断的数量。按住【Shift】键可控制旋转角度为45°的倍数；按住【Ctrl（Windows）/Command（Mac OS）】键可保持涡形衰减的比例。

3.1.4 矩形网格工具

【矩形网格工具】用于制作矩形内部的网格。

在工具箱中选择【矩形网格工具】选项，在页面中单击并拖曳鼠标，绘制出一个矩形网格，如图3-11所示。

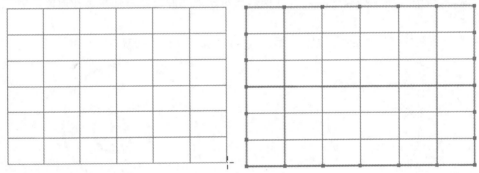

图3-11

执行【窗口】＞【路径查找器】命令，打开【路径查找器】面板，单击【路径查找器】面板中的【分割】按钮，如图3-12所示。

在图形上单击鼠标右键，在弹出的快捷菜单中选择【取消编组】选项，用【选择工具】在每个小矩形上单击鼠标左键，可以看到矩形网格中每个小矩形都成为独立的图形，可以被【选择工具】选中，如图3-13所示。

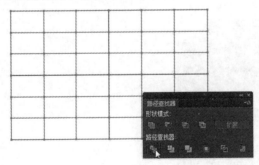

图3-12

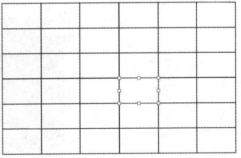

图3-13

如果需要绘制精确的矩形网格，可以选择【矩形网格工具】选项，在页面中单击鼠标左键，鼠标的落点是要绘制的矩形网格的基准点，弹出【矩形网格工具选项】对话框，如图3-14所示。

（1）【宽度】、【高度】：矩形网格的宽度和高度，可通过□选择基准点的位置，如图3-15所示。

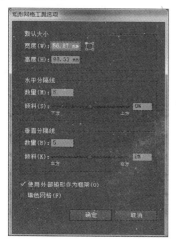

图3-14

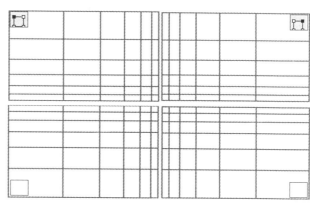

图3-15

（2）【水平分隔线】【数量】：矩形网格内横线的数量，即行数。

（3）【水平分隔线】【倾斜】：行的位置，数值为0%时，线与线距离均等；数值大于0%时，网格向上的行间距逐渐变窄；数值小于0%时，网格向下的行间距逐渐变窄。

（4）【垂直分隔线】【数量】：矩形网格内竖线的数量，即列数。

（5）【垂直分隔线】【倾斜】：表示列的位置，数值为0%时，线与线距离均等；数值大于0%时，网格向右的列间距逐渐变窄；数值小于0%时，网格向左的列间距逐渐变窄。

（6）【使用外部矩形作为框架】：颜色模式中的填色和描边会被应用到矩形和线的位置上，并被用作其他物件的外轮廓线。

（7）【填色网格】：填色描边只会应用到网格部分，即颜色只会应用到线上。

▼ **小知识**

拖曳鼠标的同时，按【↑】、【→】方向键增加竖向和横向的网格线，按【←】、【↓】方向键可减少横向和竖向的网格线。按住键盘上的【C】键，竖向的网格间距逐渐向右变窄；按住【F】键，横向的网格间距逐渐向下变窄；按住【V】键，横向的网格间距逐渐向上变窄；按住键盘上的【X】键，竖向的网格间距逐渐向左变窄。

3.1.5 / 极坐标网格工具

【极坐标网格工具】可以用来绘制同心圆和确定参数的放射线段。

在工具箱中选择【极坐标网格工具】选项，在页面空白处单击并拖曳鼠标，松开鼠标后就可以看到绘制的极坐标网格，如图3-16所示。

如果需要绘制精确的极坐标网格，选择【极坐标网格工具】选项，在页面中单击鼠标左键，弹出【极坐标网格工具选项】对话框，如图3-17所示。

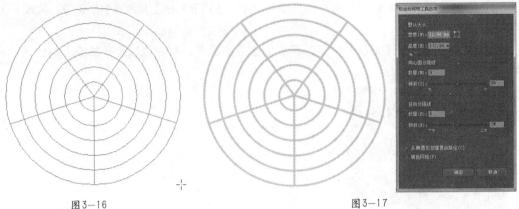

图3-16　　　　　　　　　　　　　　　　　　图3-17

（1）【默认大小】：指定整个网格的宽度和高度。

（2）【同心圆分隔线】：【数量】指定希望出现在网格中的圆形同心圆分隔线数量。【倾斜】值决定同心圆分隔线倾向于网格内侧或外侧的方式。

（3）【径向分隔线】：【数量】指定希望在网格中心和外围之间出现的径向分隔线数量。【倾斜】值决定径向分隔线倾向于网格逆时针或顺时针的方式。

（4）【从椭圆形创建复合路径】：将同心圆转换为独立复合路径并每隔一个圆填充。

（5）【填色网格】：以当前填色颜色填充网格（否则，填色设置为无）。

3.1.6　矩形工具

【矩形工具】的作用是绘制矩形或正方形。

选择工具箱中的【矩形工具】选项，在页面上按住鼠标左键不放，向对角线方向拖曳直到矩形达到所需大小，如图3-18所示。

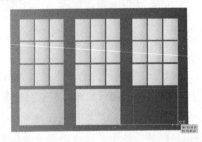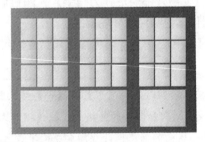

图3-18

如果需要绘制精确的矩形，可以选择【矩形工具】选项后在页面中单击鼠标左键，鼠标的落点是要绘制矩形的左上角端点，弹出【矩形】对话框，如图3-19所示，在其中设置需要的矩形的宽度和高度即可。

图3-19

3.1.7 / 圆角矩形工具

【圆角矩形工具】用来绘制圆角的矩形，与绘制矩形的方法基本相同。

在工具箱中选择【圆角矩形工具】选项，在页面内按住鼠标左键以对角线的方向向外拖曳，直至理想的大小为止再松开鼠标，圆角矩形就绘制完成了，如图3-20所示。

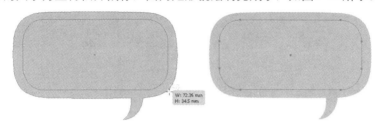

图3-20

选择【圆角矩形工具】选项在页面上单击鼠标左键，弹出【圆角矩形】对话框，如图3-21所示；在【宽度】和【高度】数值框中输入所需的数值，即可按照定义的大小绘制。在【圆角半径】数值框中输入的半径数值越大，得到的圆角矩形弧度越大；反之，输入的半径数值越小，得到的圆角矩形弧度越小；输入的数值为零时，得到的是矩形。

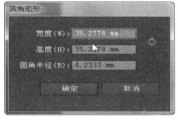

图3-21

3.1.8 / 椭圆工具

【椭圆工具】用来绘制椭圆形和圆形，与绘制矩形与圆角矩形的方法是相同的。

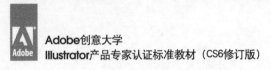

在工具箱中选择【椭圆工具】选项，在页面内按住鼠标左键以对角线的方向向外拖曳，直至适当的大小为止再松开鼠标，椭圆就绘制完成了，如图3-22所示。

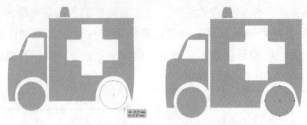

图3-22

选择【椭圆工具】选项，在页面中单击鼠标左键，弹出【椭圆】对话框，如图3-23所示。鼠标的落点是要绘制椭圆的左上角端点，在对话框中输入需要的宽度和高度即可绘制精确的椭圆。

图3-23

> **小知识**
>
> 若要绘制圆形，可按住【Shift】键拖曳鼠标；绘制由鼠标落点为中心点向四周延伸的椭圆，可按住【Alt（Windows）/ Option（Mac OS）】键拖曳鼠标；绘制以鼠标落点为中心点向四周延伸的圆，可按住【Shift】键和【Alt（Windows）/ Option（Mac OS）】键的同时并拖曳鼠标；按住【Alt（Windows）/ Option（Mac OS）】键并单击鼠标左键，可以对话框方式制作椭圆，鼠标的落点即为所绘制椭圆的中心点。

3.1.9 多边形工具

【多边形工具】用来绘制任意边数的多边形。

在工具箱中选择【多边形工具】选项，在页面内单击并按住鼠标左键向外拖曳，直至达到理想的大小为止再松开鼠标，多边形就绘制完成了，如图3-24所示。

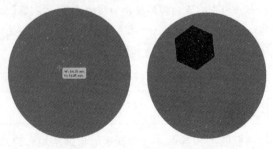

图3-24

拖曳鼠标的同时，按住键盘上的空格键，即可随鼠标移动直线的位置；按【Shift】键可控制旋转角度为45°的倍数；按【↑】、【↓】方向键可增加或减少多边形的边数。

选择工具箱中的【多边形工具】选项，在页面中单击鼠标左键，弹出【多边形】对话框，如图3-25所示。在对话框中输入半径和边数即可绘制精确的多边形。【半径】可以设置多边形的半径；【边数】可以设置多边形的边数。边数越多，生成的多边形越接近于圆形。

图3-25

3.1.10 / 星形工具

【星形工具】用来绘制各种星形，与【多边形工具】的使用方法相同。

在工具箱中选择【星形工具】选项，在页面中单击并按住鼠标左键向外拖曳，直至达到适当大小为止再松开鼠标，星形就绘制完成了，如图3-26所示。

图3-26

拖曳鼠标的同时，若要保持星形的内部半径，可按住【Ctrl（Windows）/Command（Mac OS）】键；要控制旋转角度为45°的倍数可按住【Shift】键；增加或减少多边形的边数，按【↑】、【↓】方向键。

选择工具箱中的【星形工具】选项，在页面中单击鼠标左键，弹出【星形】对话框，如图3-27所示。在对话框中输入【半径1】、【半径2】以及角点数即可绘制任意需要规格的星形。【半径1】指定从星形中心到星形最内点的距离；【半径2】指定从星形中心到星形最外点的距离；【角点数】指定希望星形具有的点数。

图3-27

3.1.11 / 光晕工具

【光晕工具】用来创建具有明亮的中心、光晕、射线及光环的光晕对象，使用【光晕工具】可以创建类似照片中镜头光晕的效果。

"光晕"包括中央手柄和末端手柄，使用手柄可定位光晕及其光环。中央手柄是光晕的明亮中心，光晕路径从该点开始，如图3-28所示。

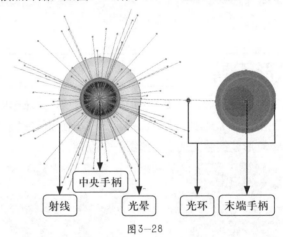

图3-28

选择工具箱中的【光晕工具】选项，按下鼠标放置光晕的中心手柄，然后拖动设置中心的大小、光晕的大小，并旋转射线角度，如图3-29所示。

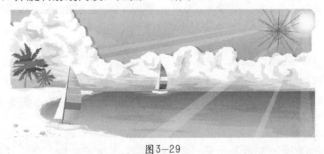

图3-29

> **小知识**
>
> 在按下的鼠标未松开前，按住【Shift】键并按下【↑】、【↓】方向键可添加或减少射线。
> 按住【Ctrl（Windows）/Command（Mac OS）】键以保持光晕中心位置不变。

当中心、光晕和射线达到所需效果时松开鼠标，在页面空白处再次按下鼠标左键并拖曳为光晕添加光环，并放置末端手柄，如图3-30所示。当末端手柄达到所需位置时松开鼠标，如图3-31所示。

图3-30

图3-31

> **小知识**
>
> 松开鼠标前，按【↑】、【↓】方向键可添加或减少光环，按波浪字符【~】键可随机放置光环。

若想绘制精准的光晕，可以选择【光晕工具】选项，并在页面中单击鼠标左键，弹出【光晕工具选项】对话框，如图3-32所示。

【居中】：指定光晕中心的整体直径、不透明度和亮度。

【光晕】：指定光晕增大的百分比，然后指定光晕的模糊度（0为锐利，100%为模糊）。

【射线】：指定射线的数量、最长的射线（射线平均长度的百分比）和射线的模糊度（0为锐利，100%为模糊）。

【环形】：指定光晕中心点（中心手柄）与最远的光环中心点（末端手柄）之间的路径距离、光环数量、最大的光环（光环平均大小的百分比）和光环的方向或角度。

使用【选择工具】选中绘制好的光晕，双击工具箱中的【光晕工具】，打开【光晕工具选项】对话框，可以在该对话框中重新更改光晕的设置。**若要将光晕重置为默认值，要按住【Alt（Windows）／Option（Mac OS）】键并单击【重置】按钮**，如图3-33所示。

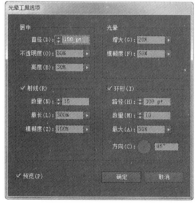

图3-32

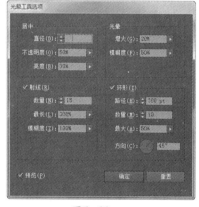

图3-33

> **小知识**
>
> 若想编辑绘制好的光晕，可以执行以下任一操作。
>
> 选中光晕并选择【光晕工具】选项，拖动中心手柄或末端手柄端点，可更改光晕的长度或方向。选中光晕，然后执行【对象】>【扩展】命令并取消编组，能使光晕的元素均可编辑。

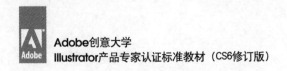
3.1.12 / 透视网格工具

在 Illustrator CS6 中，可以使用依照既有透视绘图规则运作的一套功能，在透视模式中轻松绘制或呈现图稿。

透视网格可以在平面上呈现场景，就像肉眼所见的那样自然。例如，道路或铁轨看上去像在视线中相交或消失一般，如图3-34所示。

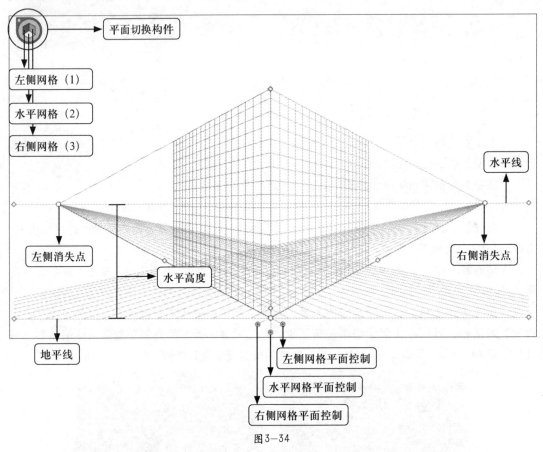

图3-34

在Illustrator 中有3种透视图，分别是一点、两点和三点透视，如图3-35所示。

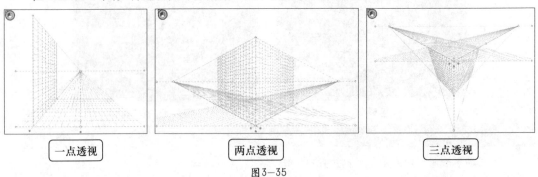

图3-35

选择工具箱中的【透视网格工具】选项，可以看到页面中显示出透视网格，如图3-36所示。

在平面切换构件上单击【左侧网格（1）】按钮，使其切换到左侧活动平面，如图3-37
所示。

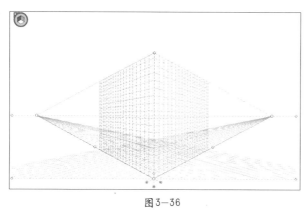

图3-36

图3-37

选择工具箱中的【矩形工具】选项，在左侧网格上单击鼠标左键并拖曳，到合适位置松开
鼠标，如图3-38所示。

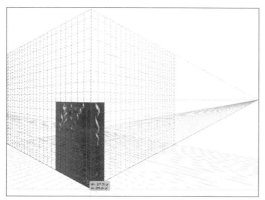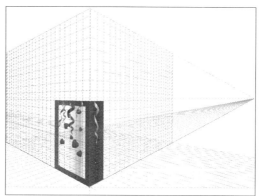

图3-38

> **小知识**
>
> 要在透视中绘制对象，可在网格可见时使用线段组工具或矩形组工具。在使用这些工具
> 时，可以通过按住【Ctrl（Windows）/Command（Mac OS）】键切换到透视选区工具。
>
> 选取上述工具后，还可以使用键盘快捷键1（左平面）、2（水平面）和3（右平面）来切换
> 活动平面。
>
> 在使用【透视网格工具】时不能使用【光晕工具】。

3.1.13 透视选区工具

在网格可见时，可以使用【透视选区工具】在透视中加入对象、文本和符号，在透视空间
中移动、缩放和复制对象，或在透视平面中沿着对象的当前位置垂直移动和复制对象。

选择工具箱中的【文字工具】选项，在页面中输入所需要的字，如图3-39所示。

选择工具箱中的【透视选区工具】选项，选中文字，将其拖曳到合适位置，可以看到文字
自动变成透视形状，如图3-40所示。

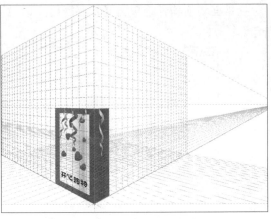

图3-39　　　　　　　　　　　　　　　　图3-40

> **小知识**
>
> 可以执行【视图】>【透视网格】命令来设置透视网格。
>
> 【显示标尺】：此选项仅显示沿真实高度线的标尺刻度，网格线单位决定了标尺刻度。
>
> 【对齐网格】：在透视中加入对象以及移动、缩放和绘制透视中的对象时，选择此选项可将对象对齐到网格。
>
> 【锁定网格】：此选项限制使用透视网格工具移动网格和进行其他网格编辑，仅可以更改可见性和平面位置。

3.2　对象的基本操作

通过可用于准确选择、定位和堆叠对象的工具，可以在 Adobe Illustrator 中轻松地组织和布置图稿。这些工具可让你执行这些操作：测量和对齐对象；编组对象，以便能够将其视为一个单元进行操作；有选择地隔离、锁定或隐藏对象。

3.2.1 选择、移动与删除对象

1．选择对象

在修改某个对象之前，需要将其与周围的对象区分开来，只需选中该对象，即可加以区分，只要选择了对象或者对象的一部分，即可对其进行编辑。

在Illustrator CS6中提供以下选择方法和工具。

（1）【隔离模式】：可快速将一个图层、子图层、路径或一组对象与文档中的其他所有图稿隔离开来。在隔离模式下，文档中所有未隔离的对象都会变暗，并且不可对其进行选择或编辑。

选择工具箱中的【选择工具】选项，在需要隔离的对象上双击鼠标左键，可以看到隔离的对象以全色显示，而图稿的其余部分则会变暗，如图3-41所示。

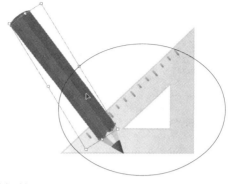

图3-41

（2）【图层面板】：可快速而准确地选择单个或多个对象。既可以选择单个对象（即使其位于组中），也可以选择图层中的所有对象，还可以选择整个组。

打开【图层】面板（必要时展开所有编组），单击【图层】面板中需要选中的对象按钮后的定位圈，如图3-42所示，按住【Shift】键单击选中更多对象或从中删除对象，如图3-43所示。

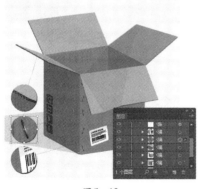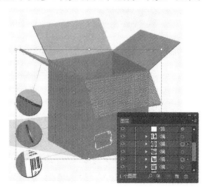

图3-42   图3-43

（3）【选择工具】：可通过单击或拖曳鼠标来选择对象和组。

选择工具箱中的【选择工具】选项，在需要选中的对象上单击鼠标左键，将其选中，如图3-44所示；也可以在一个或多个对象的周围拖曳鼠标，形成一个选框，圈住所有对象或部分对象，如图3-45所示。

图3-44　　　　　　　　　　　　　　　图3-45

　　（4）【直接选择工具】：可通过单击单个锚点或路径段将其选定，或通过选择对象上的任何其他点来选择整个路径或组。

　　选择【直接选择工具】，单击要选中的对象内部，如图3-46所示；或拖动鼠标形成一个选框，围住部分或全部对象路径，如图3-47所示。

图3-46　　　　　　　　　　　　　　图3-47

　　（5）【编组选择工具】：可在一个组中选择单个对象，在多个组中选择单个组，或在图稿中选择一个组集合。每多单击一次，就会添加层次结构内下一组中的所有对象。

　　选择【编组选择工具】，鼠标左键单击要选择的组内对象，该对象将被选中，如图3-48所示；继续单击同一个对象，以选择包含所选组的其他组，如图3-49所示；依此类推，直到所选对象中包含了所有要选择的内容为止，如图3-50所示。

图3-48　　　　　　　　　　　　　　图3-49

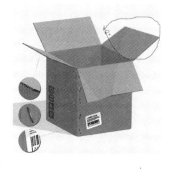

图3-50

（6）【透视选区工具】：可将对象和文本置于透视中，使用平面切换构件切换到现用平面，使用【透视选区工具】将对象移到透视图中，并可以在垂直方向上移动对象。

（7）【套索工具】：可选择对象、锚点或路径段。

选择工具箱中的【套索工具】选项，在需要选中的对象周围或穿越对象拖动鼠标，将对象围绕在内，如图3-51所示。

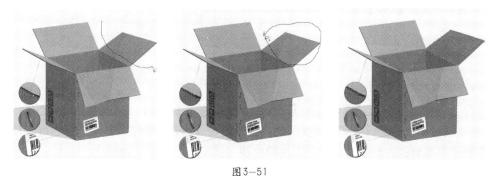

图3-51

（8）【魔棒工具】：可通过单击对象来选择具有相同的颜色、描边粗细、描边颜色、不透明度或混合模式的对象。

选择工具箱中的【魔棒工具】选项，单击要选择的对象，所有与此对象属性相同的对象都将被选中，如图3-52所示。若要将其他对象添加到当前选择中，按住【Shift】键并单击要添加的其他对象，所单击的所有具有相同属性的对象也将被选中，如图3-53所示。

图3-52   图3-53

小知识

　　若要从当前所选对象中删除对象，按住【Alt（Windows）/ Option（Mac OS）】键并单击要删除的对象，则所有与此对象属性相同的对象都将从所选对象中删除。

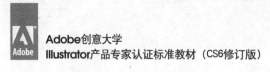
2．移动对象

可以通过以下方式移动对象：使用特定工具拖动对象、使用键盘上的方向键、在选项栏或面板中输入精确数值。其中，最常用的就是使用【选择工具】来移动对象。

选择工具箱中的【移动工具】选项，选中对象，然后向需要移动的方向拖动鼠标，如图3-54所示。

图3-54

小知识

在拖动时按住【Shift】键，可将移动限制为水平、垂直或45°角。

3．删除对象

可以通过以下方式来删除对象。

（1）选中对象，按【Backspace】键或【Delete】键。

（2）选中对象，执行【编辑】＞【清除】命令或执行【编辑】＞【剪切】命令。

（3）在【图层】面板中选中要删除的对象，单击【删除所选图层】按钮，也可以将【图层】面板中要删除的对象的名称拖动到面板中的【删除所选图层】按钮上，如图3-55所示；所选对象即被删除，如图3-56所示。

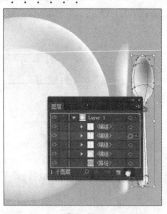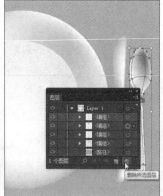

图3-55   图3-56

3.2.2 ╱ 对齐和分布对象

使用【对齐】面板和选项栏中的对齐选项可沿指定的轴对齐或分布所选对象。可以使用对象边缘或锚点作为参考点，并且可以对齐所选对象、画板或关键对象，关键对象指的是选择的多个对象中的某个特定对象。当选定对象时，选项栏中的对齐选项可见。

1. 相对于所有选定对象的定界框对齐或分布

使用【选择工具】选中要对齐或分布的对象,在【对齐】面板或选项栏中,选择【对齐所选对象】选项,如图3-57所示;然后单击对齐或分布类型所对应的按钮,如图3-58所示。

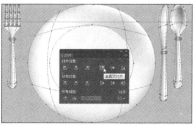

图3-57   图3-58

2. 相对于一个锚点对齐或分布

选择工具箱中的【直接选择工具】选项,按住【Shift】键并选择要对齐或分布的锚点,如图3-59所示;所选择的最后一个锚点会作为关键锚点,【对齐】面板中会自动选中【对齐关键对象】选项,在【对齐】面板中单击与所需的对齐或分布类型对应的按钮,如图3-60所示。

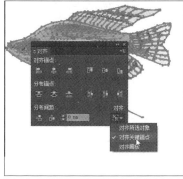
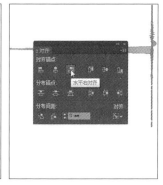

图3-59   图3-60

3. 相对于关键对象对齐或分布

选中要对齐或分布的对象,再次单击要用作关键对象的对象(单击时不用按住【Shift】键),关键对象周围出现一个比较粗的轮廓,并会在选项栏和【对齐】面板中自动选中【对齐关键对象】选项,如图3-61所示;在选项栏和【对齐】面板中,单击与所需的对齐或分布类型对应的按钮,如图3-62所示。

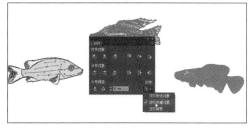

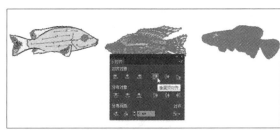

图3-61   图3-62

要停止相对于某个对象进行对齐和分布，再次单击该对象以删除粗轮廓显示，或者从【对齐】面板右侧三角下拉菜单中选择【取消关键对象】选项。

4．相对于画板对齐或分布

使用【选择工具】选项，选中要对齐或分布的对象，按住【Shift】键单击要使用的画板以将其激活，现用画板的轮廓比其他画板要深，如图3-63所示；在【对齐】面板或选项栏中选择【对齐画板】选项，然后单击与所需的对齐或分布类型对应的按钮，如图3-64所示。

图3-63

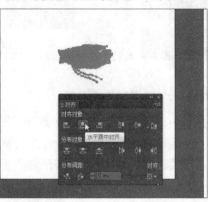
图3-64

5．按照特定间距量分布对象

选中要分布的对象，在【对齐】面板中的【分布间距】文本框中输入要在对象之间显示的间距量，使用【选择工具】单击要在其周围分布其他对象的对象，单击的对象将在原位置保持不动，如图3-65所示；单击【垂直分布间距】按钮或【水平分布间距】按钮，如图3-66所示。

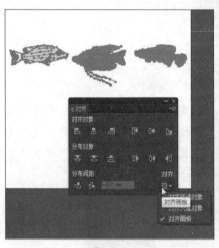
图3-65

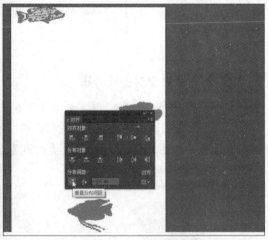
图3-66

3.2.3 / 更改对象的堆叠顺序

Illustrator 从第一个对象开始就顺序堆积所绘制的对象，对象的堆叠方式将决定其重叠时如何显示。对象的堆叠顺序取决于使用的绘图模式。在正常绘图模式下创建新图层时，新图层将放置在现用图层的正上方，且任何新对象都在现用图层的上方绘制出来。在背面绘图模式下创建新图层时，新图层将放置在现用图层的正下方，且任何新对象都在选定对象的下方绘制出来。

1. 使用【图层】面板更改堆叠顺序

位于【图层】面板顶部的图稿在堆叠顺序中位于前面，而位于【图层】面板底部的图稿在堆叠顺序中位于后面，同一图层中的对象也是按结构进行堆叠的。

打开【图层】面板，选中需要变换位置的图层，拖动该图层，可以看到黑色的插入标记出现在期望位置，如图3-67所示；释放鼠标，黑色插入标记出现在面板中其他两个图层之间，如图3-68所示。

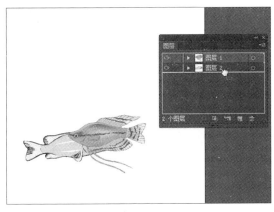
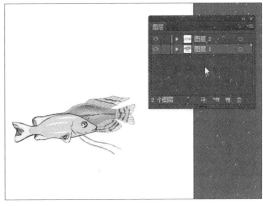

图3-67   图3-68

2. 使用命令更改堆叠顺序

将对象移到其组或图层中的顶层或底层位置时，选中要移动的对象，并执行【对象】>【排列】>【置于顶层】命令，或执行【对象】>【排列】>【置于底层】命令。

将对象按堆叠顺序向前移动一个位置或向后移动一个位置时，选中要移动的对象，执行【对象】>【排列】>【前移一层】命令，或执行【对象】>【排列】>【后移一层】命令。

3.3 基本颜色填充工具

在Illustrator中有两种上色方法：一种是为整个路径内部填充颜色、图案或渐变；另一种是将路径设置为可见的轮廓，即描边。基本的颜色填充工具有【拾色器】、【渐变工具】、【网格工具】、【吸管工具】。

3.3.1 填色与描边

填色是指在对象中填充颜色、图案或渐变。填色可以应用于开放和封闭的对象，以及实时上色组的表面，如图3-69所示。

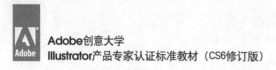

描边是指对象、路径或实时上色组边缘的可视轮廓。可以控制描边的宽度和颜色，也可以创建虚线描边，并使用画笔为风格化描边上色，如图3-69所示。

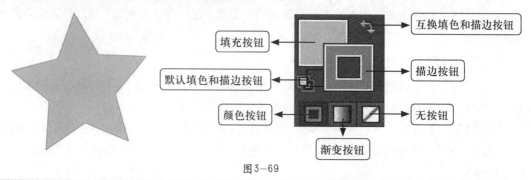

图3-69

【填充】：通过双击此按钮，可以使用拾色器来选择填充颜色。

【描边】：通过双击此按钮，可以使用拾色器来选择描边颜色。

【互换填色和描边】：通过单击此按钮，可以在填充和描边之间互换颜色。

【默认填色和描边】：通过单击此按钮，可以恢复默认颜色设置（白色填充和黑色描边）。

【颜色】：通过单击此按钮，可以将上次选择的纯色应用于具有渐变填充或者没有描边或填充的对象。

【渐变】：通过单击此按钮，可以将当前选择的填充更改为上次选择的渐变。

【无】：通过单击此按钮，可以删除选定对象的填充或描边。

3.3.2 拾色器

【拾色器】：可通过选择色域和色谱、定义颜色值或单击色板的方式，选择对象的填充颜色或描边颜色，如图3-70所示；在工具箱双击【填色】或【描边】按钮，也可以在【颜色】面板中双击填充颜色或描边颜色选框。

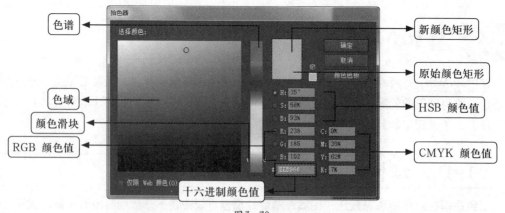

图3-70

使用【拾色器】选择颜色可以使用以下的任意一种方法。

（1）使用鼠标在色谱中单击或拖动，圆形标记指示色谱中颜色的位置。

（2）沿颜色滑块拖动三角形或在颜色滑块中单击。

（3）在任何文本框中输入值。

（4）单击【颜色色板】按钮，选择一个色板，然后单击【确定】按钮。

3.3.3 渐变工具

可以使用【渐变工具】来添加或编辑渐变，【渐变工具】也提供【渐变】面板所提供的大部分功能。**选中渐变填充对象并选择【渐变工具】选项时，该对象中将出现一个渐变批注者，**如图3-71所示；**可以使用这个渐变批注者修改线性渐变的角度、位置和范围，或者修改径向渐变的焦点、原点和范围。**如果将该工具直接置于渐变批注者上，它将变为具有渐变色标和位置指示器的滑块（与【渐变】面板中的渐变滑块相同），如图3-72所示。可以单击渐变批注者以添加新渐变色标，双击各个渐变色标可指定新的颜色和不透明度设置，或将渐变色标拖动到新位置。

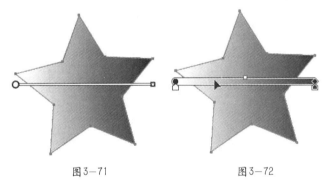

图3-71   图3-72

将鼠标置于渐变批注者上并出现旋转光标时，可以通过拖动来重新定位渐变的角度，如图3-73所示；拖动渐变滑块的圆形端可重新定位渐变的原点，拖动箭头端则会增大或减小渐变的范围，如图3-74所示。

图3-73   图3-74

> **小知识**
>
> 若要隐藏或显示渐变批注者，则执行【查看】>【隐藏渐变批注者】命令或执行【查看】>【显示渐变批注者】命令。

3.3.4 / 网格工具

网格对象是一种多色对象，其上的颜色可以沿不同方向顺畅分布且从一点平滑过渡到另一点。创建网格对象时，将会有多条线（称为网格线）交叉穿过对象，这为处理对象上的颜色过渡提供了一种简便方法。通过移动和编辑网格线上的点，可以更改颜色的变化强度，或者更改对象上的着色区域范围。

在两网格线相交处有一种特殊的锚点，称为网格点。网格点以菱形显示，且具有锚点的所有属性，只是增加了接受颜色的功能。可以添加和删除网格点、编辑网格点，或更改与每个网格点相关联的颜色。

网格中也同样会出现锚点（区别在于其形状为正方形，而非菱形），这些锚点与Illustrator中的任何锚点一样，可以添加、删除、编辑和移动。锚点可以放在任何网格线上，可以单击一个锚点，然后拖动其方向控制手柄来修改该锚点。

任意4个网格点之间的区域称为网格面片，也可以用更改网格点颜色的方法来更改网格面片的颜色，网格对象如图3-75所示。

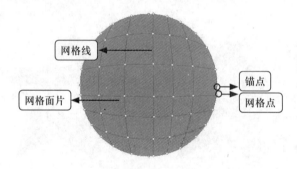

图3-75

选择工具箱中的【网格工具】选项，然后为网格点选择填充颜色，单击放置第一个网格点的位置，如图3-76所示；该对象将被转换为一个具有最低网格线数的网格对象，继续单击可添加其他网格点，如图3-77所示。

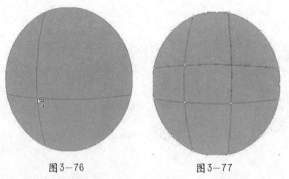

图3-76   图3-77

> **小知识**
>
> 按住【Shift】键并单击可添加网格点而不改变当前的填充颜色。

也可以选中该对象，然后执行【对象】>【创建渐变网格】命令，弹出【创建渐变网格】

对话框，如图3-78所示。设置行数和列数，输入白色高光的百分比以应用于网格对象，100%可将最大白色高光应用于对象，0不会在对象中应用任何白色高光，然后从【外观】下拉菜单中选择高光的方向：无层次，在表面上均匀应用对象的原始颜色，从而导致没有高光；至中心，在对象中心创建高光；至边缘，在对象边缘创建高光。

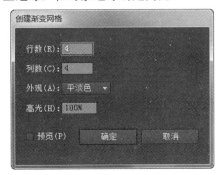

图3-78

3.3.5 吸管工具

【吸管工具】可以吸取文件中任何物体的颜色并复制到其他物体中，也可以用来更新对象的属性。

使用【选择工具】选中需要更换颜色的对象，选择工具箱中的【吸管工具】选项，在需要被复制的颜色的对象上单击鼠标左键，如图3-79所示；可以看到颜色被复制到所选对象上，如图3-80所示。

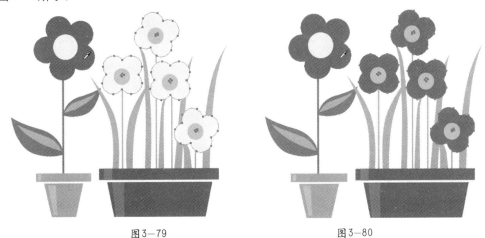

图3-79 　　　　　　　　　　图3-80

3.3.6 实战案例——应用吸管工具

01 打开"素材/第3章/蝴蝶.ai"，如图3-81所示。

02 选择工具箱中的【直接选取工具】，按住【Shift】键选中蝴蝶翅膀的阴影部分，如图3-82所示。

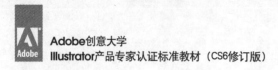
03 选择工具箱中的【吸管工具】，在蝴蝶图形中心红色部分单击鼠标左键完成上色，如图3—83所示。

| 图3—81 | 图3—82 | 图3—83 |

04 使用同样方法为其余的蝴蝶图形翅膀部分上色，完成后的效果如图3—84所示。

图3—84

3.4 颜色填充面板

对图稿应用颜色是一项常见的 Adobe Illustrator 任务，它要求了解有关颜色模型和颜色模式的一些知识。当对图稿应用颜色时，应想着用于发布图稿的最终媒体，以便能够使用正确的颜色模型和颜色定义。通过使用Illustrator中功能丰富的【色板】面板、【颜色参考】面板和【重新着色图稿】对话框，可以轻松地试验和应用颜色。

3.4.1 颜色面板

可以使用【颜色】面板将颜色应用于对象的填充和描边，还可以编辑和混合颜色。【颜色】面板可使用不同颜色模型显示颜色值。默认情况下，【颜色】面板中只显示最常用的选项，如图3—85所示。

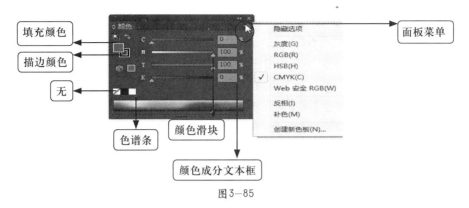

图3-85

使用【颜色】面板更改颜色时，可以使用以下任意方法。

（1）拖动滑块或在滑块中单击。

（2）**按住【Shift】键拖动颜色滑块以移动与之关联的其他滑块（HSB滑块除外），可保留类似颜色，但色调或强度不同。**

（3）在任何文本框中输入值。

（4）单击面板底部的色谱条，若要不选择任何颜色，请单击颜色条左侧的【无】；若要选择白色，请单击颜色条右上角的白色色板；若要选择黑色，请单击颜色条右下角的黑色色板。

> **小知识**
>
> 从【颜色】面板右侧三角下拉菜单中选择要使用的颜色模式，选择的模式仅影响【颜色】面板的显示，并不改变文档的颜色模式。

3.4.2 / 色板面板

【色板】面板可用来命名颜色、色调、渐变和图案，如图3-86所示。与文档相关联的色板出现在【色板】面板中，可以打开来自其他 Illustrator 文档和各种颜色系统的色板库，色板库显示在单独的面板中，不与文档一起存储。

使用【色板】面板可控制所有文档的颜色、渐变和图案，可以命名和存储任意这些项以用于快速使用，当选择的对象的填充或描边包含从【色板】面板应用的颜色、渐变、图案或色调时，所应用的色板将在【色板】面板中突出显示。

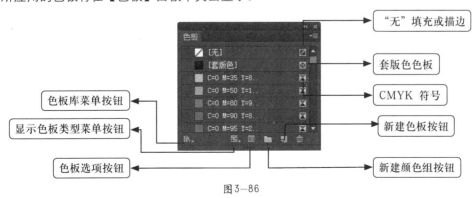

图3-86

3.4.3 颜色参考面板

创建图稿时，可使用【颜色参考】面板作为激发颜色灵感的工具，如图3-87所示。【颜色参考】面板会基于工具箱中的当前颜色来协调颜色，可以使用这些颜色对图稿进行着色；也可以执行【编辑】>【编辑颜色】>【重新着色图稿】命令，打开【重新着色图稿】对话框，在其中对它们进行编辑，还可以将其存储为【色板】面板中的色板或色板组。

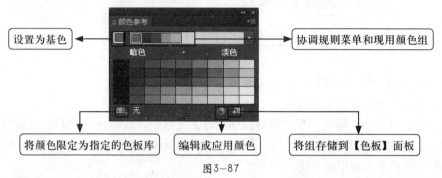

设置为基色
协调规则菜单和现用颜色组
将颜色限定为指定的色板库
编辑或应用颜色
将组存储到【色板】面板

图3-87

> **小知识**
>
> 如果已选定图稿，那么单击颜色变化可以更改选定图稿的颜色，就像单击【色板】面板中的色板一样。

3.5 综合案例——制作手提袋透视效果图

在本案例中，将使用【透视工具】、【椭圆工具】以及【渐变】等基本绘图工具制作手提袋的透视效果。

知识要点提示

透视工具的使用
颜色的填充

操作步骤

01 选择工具箱中的【透视网格工具】选项，使页面中显示网格，如图3-88所示。单击平面切换构件中的【左侧网格（1）】，选择工具箱中的【矩形工具】选项，在页面合适的位置绘制一个矩形，如图3-89所示。

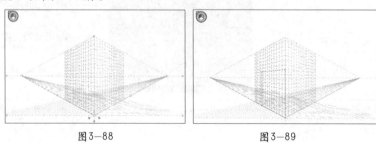

图3-88　　　　　　　　图3-89

02 打开【渐变】面板，为矩形设置渐变色，设置【类型】为"线性"、【角度】为"0"、左侧第一个滑块色值为"C0、M95、Y90、K0"、第二个滑块色值为"C40、M100、Y100、K5"、第三个滑块色值为"C33、M100、Y100、K0"，如图3-90所示。单击平面切换构件中的【右侧网格（3）】，使用同样的方法再绘制一个矩形，如图3-91所示。

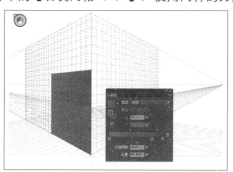

图3-90

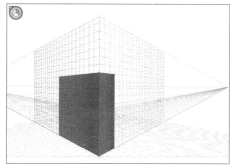

图3-91

03 选择工具箱中的【矩形工具】选项，单击平面切换构件中的【左侧网格（1）】，绘制一个矩形，如图3-92所示。打开【渐变】面板，为矩形设置颜色，设置左侧第一个滑块色值为"C0、M0、Y0、K0"、第二个滑块色值为"C0、M0、Y0、K35"、第三个滑块色值为"C0、M0、Y0、K10"，如图3-93所示。

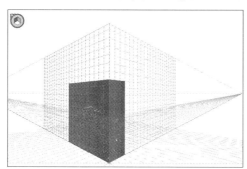

图3-92

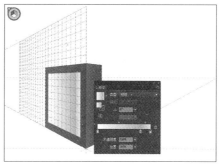

图3-93

04 鼠标单击平面切换构件中的【无现用网格（4）】按钮，选择工具箱中的【多边形工具】选项，在页面空白处单击鼠标左键，弹出【多边形】对话框，在对话框中的【半径】数值框中输入"30pt"，在【边数】数值框中输入"5"，如图3-94所示。单击【确定】按钮后，可以看到绘制出一个五边形，如图3-95所示。

图3-94

图3-95

〔05〕打开【颜色】面板，单击【填充】按钮，设置颜色值为"C0、M100、Y100、K0"，设置【描边】为"无"，如图3-96所示，绘制好的五边形如图3-97所示。

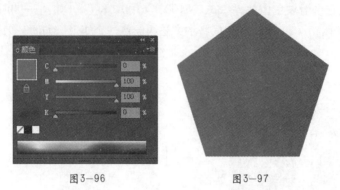

图3-96   图3-97

〔06〕选择工具箱中的【椭圆工具】，在页面空白处单击鼠标左键，弹出【椭圆】对话框，在对话框【宽度】和【高度】数值框中分别输入"50pt"，如图3-98所示。将绘制好的圆填充为与正方形相同的颜色，如图3-99所示。

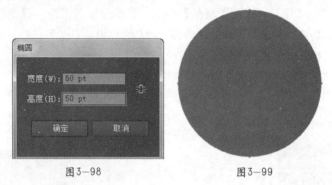

图3-98   图3-99

〔07〕选择工具箱中的【选择工具】选项，将圆形移动到五边形一个角上面，圆心与五边形的一角重合，如图3-100所示。选中圆形，按住【Alt （Windows）/ Option （Mac OS）】键拖曳圆形使其复制一个圆形，并将其移动到五边形的另一个角上，如图3-101所示。

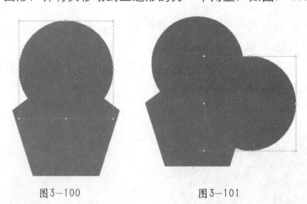

图3-100   图3-101

〔08〕重复上一步骤的操作，将五边形的五个角都放置上圆形，如图3-102所示。绘制好五瓣花形，再将中间的五边形删除，并将五瓣花形编组，花形如图3-103所示。

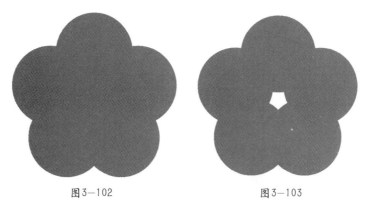

图3-102   图3-103

09 选择工具箱中的【透视选区工具】选项，单击平面切换构件中的【左侧网格（1）】
按钮，将绘制好的花形移动到合适位置，并调整好大小，如图3-104所示。

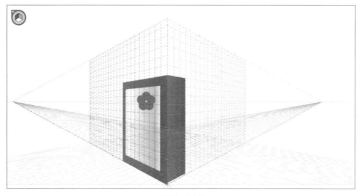

图3-104

10 使用【选择工具】选中该花形，复制并调整大小后放在合适位置，如图3-105所示。
使用【文字工具】输入文字"开心购物"，字体字号分别为"方正祥隶简体"、"48pt"，如
图3-106所示。

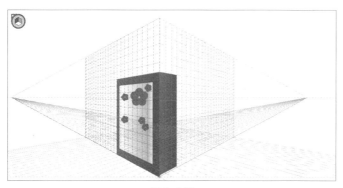

图3-105

图3-106

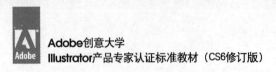
11 使用【透视选区工具】将文字移动到页面合适的位置，如图3-107所示。至此，完成了纸袋的表面制作，如图3-108所示。

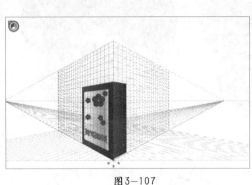

图3-107

图3-108

3.6 本章小结

熟练掌握基本绘图工具的使用方法、图形的绘制技巧以及颜色填充的基本知识，使绘制的图形更加丰富多彩。

3.7 本章习题

1．选择题

（1）基本绘图工具不包括（ 　　）。

 A. 旋转工具　　　　　B. 直线段工具　　　　　C. 矩形工具　　　　　D. 透视网络工具

（2）颜色填充工具不包括（ 　　）。

 A. 颜色工具　　　　　B. 拾色器　　　　　C. 渐变工具　　　　　D. 吸管工具

（3）颜色填充面板不包括（ 　　）。

 A.【色调】面板　　　　　　　　　　　　B.【颜色】面板

 C.【色板】面板　　　　　　　　　　　　D.【颜色参考】面板

2．操作题

（1）练习使用变形工具。

（2）练习使用【渐变】面板和【渐变工具】填充渐变色。

第4章

图形的编辑

图形是平面设计中很重要的一个元素，本章主要介绍改变图形形状、扭曲对象以及组合对象的方法，设计师可以根据需要使用相关的变形工具等来操作图形，达到需要的美观效果。

本章学习要点

- 了解图形的变换操作
- 【路径查找器】的使用
- 图形扭曲的操作

4.1　图形的变换

变换包括就对象进行移动、旋转、镜像、缩放和倾斜，可以使用【变换】面板、执行【对象】>【变换】命令或者利用工具来变换对象，还可通过拖动选区的定界框来完成多种变换类型。

某些情况下，可能要对同一变换操作重复数次，在复制对象时尤其如此。利用【对象】菜单中的【再次变换】命令，可以根据需要，重复执行移动、缩放、旋转、镜像或倾斜操作，直至执行下一变换操作。

> **小知识**
>
> 对选定对象进行变换时，可以使用【信息】面板来查看该对象的当前尺寸和位置。

4.1.1　变换面板

【变换】面板是显示有关一个或多个选定对象的位置、大小和方向的信息，通过输入新的数值，可以修改选定对象，还可以更改变换参考点，以及锁定对象比例，如图4-1所示。

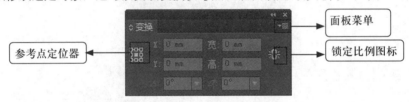

图4-1

除X和Y值以外，面板中的所有值都是指对象的定界框，而X和Y值指的是选定的参考点。要将各个对象按像素对齐到像素网格，可以选中【对齐像素网格】复选框。

> **小知识**
>
> 只有通过更改【变换】面板中的值来变换对象时，【变换】面板中的参考点定位器才会指定该对象的参考点，其他变换方法（如使用缩放工具）使用对象的中心点或指针位置作为参考点。

4.1.2　变换对象图案

在对已填充图案的对象进行移动、旋转、镜像（翻转）、缩放或倾斜时，可以仅变换对象、仅变换图案，或同时变换对象和图案。一旦变换了对象的填充图案，随后应用于该对象的所有图案都会以相同的方式进行变换。

要使用【变换】面板变换图案时，可以从面板右侧三角快捷菜单中选择一个选项：【仅变换对象】、【仅变换图案】或【变换两者】，如图4-2所示。

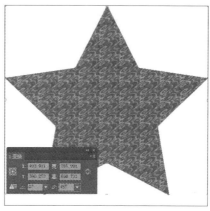

图4—2

若要使用【变换】命令变换图案，可以在相应的对话框中设置【对象】和【图案】选项。例如，若只变换图案而不变换对象，则可以选中【图案】复选框，并取消选中【对象】复选框，如图4—3所示。

图4—3

若要在使用变换工具时只变换图案而不变换对象，则可以在拖动鼠标的同时按住波浪字符键【~】，对象的定界框显示为变换的形状，但释放鼠标按钮时，定界框又恢复为原样，只留下变换的图案，如图4—4所示。

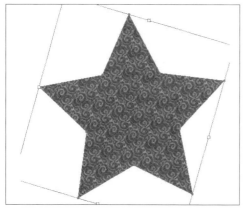

图4—4

4.1.3 使用定界框变换

使用【选择工具】选中一个或多个对象，被选对象的周围便会出现一个定界框，通过拖曳定界框，即可方便地移动、旋转、复制以及缩放对象，如图4-5所示。

图4-5

4.1.4 缩放对象

缩放操作会使对象沿水平方向（沿X轴）或垂直方向（沿Y轴）进行放大或缩小。对象相对于参考点缩放，而参考点因所选的缩放方法而不同。可以更改适合于大多数缩放方法的默认参考点，也可以锁定对象的比例。

默认情况下，描边和效果不能随对象一起缩放。要缩放描边和效果，执行【编辑】>【首选项】>【常规】命令（Windows）或执行【Illustrator】>【首选项】>【常规】命令（Mac OS），然后选择【缩放描边和效果】。若要选择是否逐个缩放描边和效果，则使用【变换】面板或缩放命令来缩放对象。

1．使用缩放工具来缩放对象

使用【选择工具】选中一个或多个对象，选择工具箱中的【缩放工具】选项，在页面中的任一位置拖动鼠标，直至对象达到所需大小为止，可以看到对象是相对于对象中心点来缩放的，如图4—6所示。

相对于不同参考点进行缩放时，在页面中单击要作为参考点的位置，将指针朝向远离参考点的方向移动，然后将对象拖移至所需大小，如图4—7所示。

图4—6   图4—7

> **小知识**
>
> 若要在对象进行缩放时保持对象的比例，则在对角拖动时按住【Shift】键。
>
> 若要沿单一轴缩放对象，则在垂直或水平拖动时按住【Shift】键。
>
> 若要更精确地控制缩放，则在距离参考点较远的位置开始拖动。

2．使用定界框缩放对象

使用【选择工具】选中一个或多个对象，选择工具箱中的【选择工具】选项或【自由变换工具】选项，拖动定界框，直至对象达到所需大小，如图4—8所示。

图4—8

> **小知识**
>
> 要保持对象的比例，则在拖移时按住【Shift】键。
>
> 要相对于对象中心点进行缩放，则在拖移时按住【Alt（Windows）/ Option（Mac OS）】键。

3．将对象缩放到特定宽度和高度

使用【选择工具】选中一个或多个对象，打开【变换】面板，单击【锁定比例】按钮，在【宽】和【高】文本框中输入新的数值，可以保持对象的比例不变，如图4—9所示。

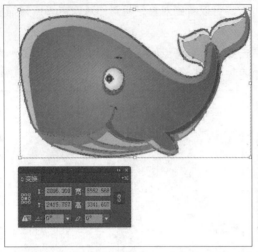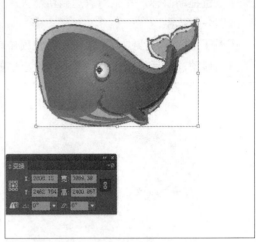

图4-9

要更改缩放参考点，单击参考点定位器上的白色方框即可，如图4-10所示。

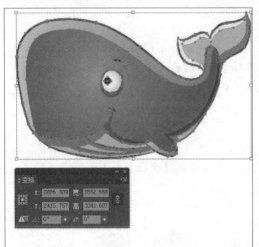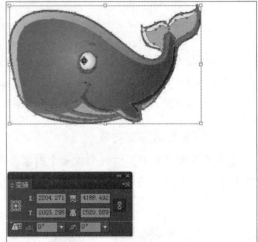

图4-10

小知识

要将描边路径以及任何与大小相关的效果与对象一起进行缩放，从面板右侧三角下拉菜单中选择"缩放描边和效果"。

也可以在【宽】和【高】文本框中输入值，并在按【Enter（Windows）/ Return（Mac OS）】键的同时按【Ctrl（Windows）/Command（Mac OS）】键以保持比例。

4．按特定百分比缩放对象

使用【选择工具】选中一个或多个对象，要从中心位置进行缩放，则执行【对象】>【变换】>【缩放】命令，或者双击【比例缩放工具 】按钮；要相对于不同参考点进行缩放，则选择【比例缩放工具】选项，按住【Alt（Windows）/ Option（Mac OS）】键并单击文档窗口中要作为参考点的位置。

在【比例缩放】对话框中，若要在对象缩放时保持对象比例，则选中【等比】单选按钮，并在【比例缩放】文本框中输入百分比；若要分别缩放高度和宽度，则选中【不等比】单选按钮，并在【水平】和【垂直】文本框中输入百分比，如图4—11所示。

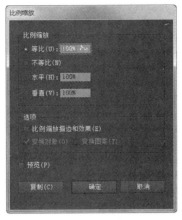

图4—11

5．缩放多个对象

选中需要缩放的所有对象，执行【对象】>【变换】>【分别变换】命令，在弹出的【分别变换】的对话框中的【缩放】选项组中设置水平和垂直缩放的百分比，单击【确定】按钮，或者单击【复制】按钮以缩放每个对象的副本，如图4—12所示。

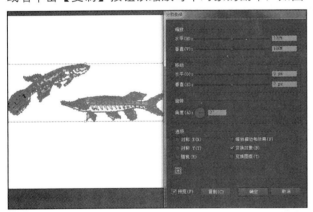
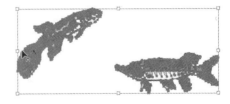

图4—12

4.1.5 倾斜对象

倾斜操作可沿水平或垂直轴，或相对于特定轴的特定角度来倾斜或偏移对象。对象相对于参考点倾斜，而参考点又会因所选的倾斜方法而不同，而且大多数倾斜方法中都可以改变参考点。

1．使用倾斜工具倾斜对象

使用【选择工具】选中一个或多个对象，选择工具箱中的【倾斜工具】选项，若要相对于对象中心倾斜，则直接拖动文档窗口中的任意位置，如图4—13所示；若要相对于不同参考点进行倾斜，则单击页面的任意位置以移动参考点，将指针朝向远离参考点的方向移动，然后将对象拖移至所需倾斜度，如图4—14所示。

图4—13   图4—14

2．使用倾斜命令倾斜对象

　　使用【选择工具】选中一个或多个对象，执行【对象】>【变换】>【倾斜】命令，或者双击【倾斜工具】按钮，弹出【倾斜】对话框，如图4—15所示。在【倾斜角度】文本框中输入一个介于"—359"至"359"之间的倾斜角度值，倾斜角是沿顺时针方向应用于对象的相对于倾斜轴一条垂线的倾斜量。然后选择要沿哪条轴倾斜对象，如果选择某个有角度的轴，就以水平轴为准，输入一个介于"—359"至"359"之间的角度值，如图4—16所示。

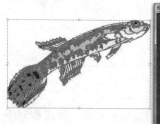
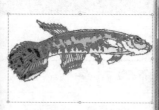

图4—15   图4—16

　　要从不同参考点进行倾斜，选择【倾斜工具】选项，按住【Alt（Windows）/ Option（Mac OS）】键并单击页面中要作为参考点的位置。

3．使用自由变换工具倾斜对象

　　使用【选择工具】选中一个或多个对象，选择工具箱中的【自由变换工具】，要沿对象的垂直轴进行倾斜，拖动左中部或右中部的定界框的控制点，然后在向上或向下拖曳时按住【Ctrl（Windows）/Command（Mac OS）+Alt（Windows）/ Option（Mac OS）】键，也可以按住 【Shift】键将对象限制为其原始宽度，如图4-17所示。

　　要沿对象的水平轴进行倾斜，拖动中上部或中下部的定界框的控制点，然后在向右或左拖曳时按住【Ctrl（Windows）/Command（Mac OS）+Alt（Windows）/ Option（Mac OS）】键，也可以按住【Shift】将对象限制为其原始高度，如图4-18所示。

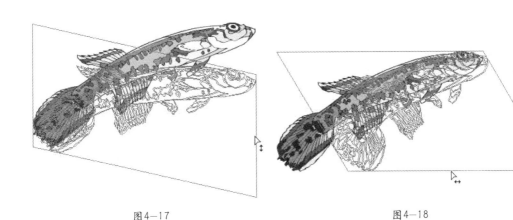

图4-17　　　　　　　　　　　　　　　　　　图4-18

4．使用【变换】面板倾斜对象

　　使用【选择工具】选中一个或多个对象，打开【变换】面板，在【倾斜】文本框中输入一个数值，如图4-19所示；要更改参考点，在输入数值之前单击参考点定位器上的白色方框。

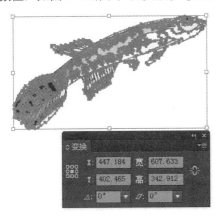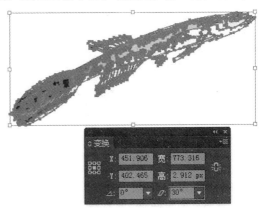

图4-19

4.1.6 / 镜像对象

镜像对象，即以指定的不可见轴为轴来翻转对象。**使用【自由变换工具】、【镜像工具】或【对称】命令，都可以对对象进行镜像。**如果要指定镜像轴，那么可以使用【镜像工具】。

1. 使用【自由变换工具】镜像对象

选中要镜像的对象，选择工具箱中的【自由变换工具】选项，拖动定界框的控制点，使其越过对面的定界框边缘或控制点，直至对象位于所需的镜像位置，如图4-20所示。

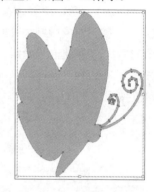

图4-20

小知识

若要维持对象的比例，则在拖动控制点越过对面的手柄时按住【Shift】键。

2. 使用【镜像工具】镜像对象

选中需要镜像的对象，选择【镜像工具】选项。要绘制镜像对象时所要基于的不可见轴，可以在页面的任何位置单击，以确定轴上的一点，如图4-21所示；再将指针定位到轴上的另一点，单击以确定不可见轴的第二个点，如图4-22所示。单击时所选对象会以所定义的轴为轴进行翻转，如图4-23所示。

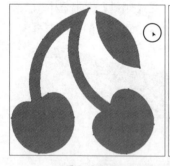

图4-21　　　　　　　　　　图4-22　　　　　　　　　　图4-23

3. 使用【镜像工具】镜像对象

选中需要镜像的对象，执行【对象】>【变换】>【对称】命令，或双击【镜像工具】按钮，打开【镜像】对话框，选择镜像对象时所要基于的轴，可以基于水平轴、垂直轴或具有一定角度的轴镜像对象，如图4-24所示。

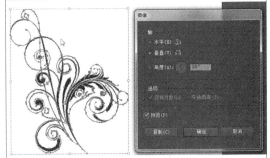

图4—24

4.1.7 实战案例——应用镜像对象

[01] 打开"素材\第4章\圆环.ai",如图4—25所示。

[02] 选择工具箱中的【矩形工具】选项,在页面空白处单击鼠标左键弹出【矩形】对话框,在对话框中的【宽度】数值框中输入"18mm",在【高度】数值框中输入"110mm",创建矩形,如图4—26所示。

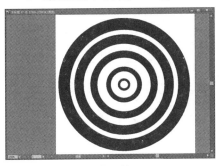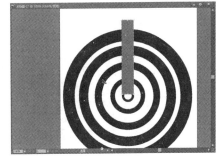

图4—25   图4—26

[03] 选择工具箱中的【添加锚点工具】在矩形和环形交接处为矩形添加锚点,选择工具箱中的【直接选择工具】调整矩形,如图4—27所示。

图4—27

[04] 执行【对象】>【变换】>【对称】命令,弹出【镜像】对话框,在对话框中设置轴为水平,单击复制按钮,把复制的镜像放到合适的位置。选中所有红色矩形部分单击鼠标右键,选择【编组】命令,如图4—28所示。

05 选中红色矩形图形。双击工具箱中的【旋转工具】，在弹出的【旋转】对话框中设置【角度】为"20°"，单击复制按钮。连续按7次【Ctrl（Windows）/D（Windows）】得到的效果如图4-29所示。

图4-28

图4-29

06 选中红色矩形部分单击鼠标右键，执行【排列】>【置于底层】命令。选中全部图形，打开【路径查找器】面板单击面板中的【差集】按钮，如图4-30所示，得到效果如图4-31所示。

图4-30

图4-31

07 选择工具箱中的【矩形工具】，单击空白处弹出【矩形】对话框，设置【宽度】为"136mm"、【高度】为"136mm"。选中全部图形，打开【对齐】面板，单击【水平居中对齐】和【垂直居中对齐】按钮，得到的效果图如图4-32所示。

08 选中全部图形，按【Ctrl（Windows）/7Windows）】组合键，得到最终效果图，如图4-33所示。

图4-32

图4-33

4.2 图形的扭曲

可通过使用【自由变换工具】或【液化】工具来扭曲对象。如果要任意进行扭曲，就使用【自由变换工具】；如果要利用特定的预设扭曲（如旋转扭曲、收缩或皱褶），就使用【液化工具】。

4.2.1 使用自由变换工具扭曲对象

使用【选择工具】选中一个或多个对象，选择工具箱中的【自由变换工具】选项，拖动定界框的角控制点，按住【Ctrl（Windows）/Command（Mac OS）】键直至所选对象达到所需的扭曲程度，如图4-34所示。

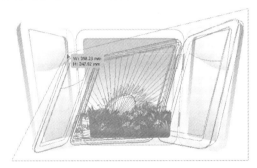

图4-34

拖动角控制点后按住【Shift+Alt（Windows）/ Option（Mac OS）+Ctrl（Windows）/ Command（Mac OS）】键以按透视扭曲，如图4-35所示。

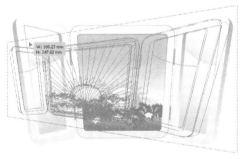

图4-35

4.2.2 实战案例——应用自由变换工具

【自由变换工具】可使对象达到理想的扭曲程度。

使用【矩形网格工具】绘制一个对象，如图4-36所示。选择工具箱中的【自由变换工具】选项，拖动定界框的角控制点，同时按住【Ctrl（Windows）/Command（Mac OS）】键直至所选对象达到所需的扭曲程度，如图4-37所示。

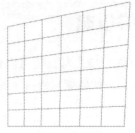

图4—36　　　　　　　　　图4—37

4.2.3 使用液化工具扭曲对象

不能将液化工具用于链接文件或包含文本、图形或符号的对象。

选择一个液化工具，然后单击或拖动要扭曲的对象，如图4-38所示。然后将扭曲限定为特定对象，在使用该工具之前选中这些对象，再更改工具光标的大小并设置其他工具选项，双击液化工具，然后设置以下选项。

原图

【变形工具】可以随意变换对象，达到扭曲效果

【旋转扭曲工具】可以使对象形成漩涡状

【缩拢工具】可以使所选择的对象产生内缩的效果

【膨胀工具】可以使所选对象向外膨胀

【扇贝工具】可以使选择对象形成类似贝壳的纹路，形成向内凹进的弯曲，按住鼠标左键的时间越长，形成的纹路越明显

【晶格化工具】作用的对象形成向外的　　【皱褶工具】可以使所选择对象形成不规
尖锐凸起　　　　　　　　　　　　　　　则起伏

图4-38

【宽度】和【高度】：控制工具光标的大小。

【角度】：控制工具光标的方向。

【强度】：指定扭曲的改变速度，值越大，改变速度越快。

【使用压感笔】：不使用【强度】值，而是使用来自写字板或书写笔的输入值。如果没有附带的压感写字板，那么此选项将为灰色。

【复杂性】（扇贝、晶格化和皱褶工具）：指定对象轮廓上特殊画笔结果之间的间距，该值与【细节】值有密切的关系。

【细节】：指定引入对象轮廓的各点间的间距（值越大，间距越小）。

【简化】（变形、旋转扭曲、收缩和膨胀工具）：指定减少多余点的数量，而不影响形状的整体外观。

【旋转扭曲速率】（仅适用于旋转扭曲工具）：指定应用于旋转扭曲的速率，输入一个介于"-180°"到"180°"之间的值，负值会顺时针旋转扭曲对象，正值则逆时针旋转扭曲对象。输入的值越接近"-180°"或"180°"时，对象旋转扭曲的速度越快。若要慢慢旋转扭曲，则将速率指定为接近于"0°"的值。

【水平和垂直】（仅适用于皱褶工具）：指定到所放置控制点之间的距离。

【画笔影响锚点】、【画笔影响内切线手柄】或【画笔影响外切线手柄】（扇贝、晶格化、皱褶工具）：使用工具画笔可以更改这些属性。

4.3 组合对象

矢量对象可以组合，可以在Illustrator中用各种不同的方式创建形状，所产生的路径或形状会依组合路径的方法而不同。

可以使用【路径查找器】面板将对象组合为新形状，如图4-39所示。

图4-39

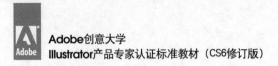

　　【路径查找器】面板中的路径查找器效果可应用于任何对象、组和图层的组合，如图4-40所示。在单击【路径查找器】按钮时即创建了最终的形状组合，这时便不能再编辑原始对象。如果这种效果产生了多个对象，那么这些对象会被自动编组到一起。

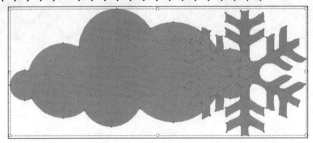

原图

联集　减去顶层

交集　差集

分割　分割

合并　裁剪

轮廓　减去后方对象

图4-40

【联集】：描摹所有对象的轮廓，就像它们是单独的、已合并的对象一样。此选项产生的结果形状会采用顶层对象的上色属性。

【减去顶层】：从最后面的对象中减去最前面的对象。应用此命令，可以通过调整叠放的顺序来删除插图中的某些区域。

【交集】：描摹被所有对象重叠的区域轮廓。

【差集】：描摹对象所有未被重叠的区域，并使重叠区域透明。若有偶数个对象重叠，则重叠处会变成透明；若有奇数个对象重叠，则重叠的地方会填充颜色。

【分割】：将一份图稿分割为作为其构成成分的填充表面（表面是未被线段分割的区域）。

【修边】：删除已填充对象被隐藏的部分。它会删除所有描边，且不会合并相同颜色的对象。

【合并】：删除已填充对象被隐藏的部分。它会删除所有描边，且会合并具有相同颜色的相邻或重叠的对象。

【裁剪】：将图稿分割为作为其构成成分的填充表面，然后删除图稿中所有落在最上方对象边界之外的部分。这还会删除所有描边。

【轮廓】：将对象分割为其组件线段或边缘。准备需要对叠印对象进行陷印的图稿时，此命令非常有用。

【减去后方对象】：从最前面的对象中减去后面的对象。应用此命令，可以通过调整堆叠顺序来删除图中的某些区域。

> **小知识**
>
> 使用【路径查找器】面板中的【轮廓】按钮时，可以使用【直接选择工具】或【编组选择工具】来分别处理每个边缘。

4.4 复合形状

复合形状是可编辑的图稿，由两个或多个对象组成，每个对象都分配有一种形状模式。复合形状简化了复杂形状的创建过程，可以精确地操作每个所含路径的形状模式、堆叠顺序、形状、位置和外观。

复合形状用作编组对象，它在【图层】面板中显示为复合形状项。可以使用【图层】面板来显示、选择和处理复合形状的内容，例如，更改其组件的堆叠顺序。还可以使用【直接选择工具】或【编组选择工具】来选择复合形状的组件。

当创建一个复合形状时，这个形状会采用【相加】、【交集】或【差集】模式中最上层组件的上色和透明度属性。随后，可以更改复合形状的上色、样式或透明度属性。当选择整个复合形状的任意部分时，除非在【图层】面板中明确定位某一组件，否则 Illustrator 将自动定位整个复合形状以简化这一过程。

4.5 综合案例——制作企业名片

在本案例中，通过使用【变形工具】、【路径查找器】、【绘图工具】和组合对象来制作名片。

知识要点提示

路径查找器的使用
变形工具的使用

操作步骤

01 执行【文件】>【新建】命令，弹出【新建文档】对话框，设置【名称】为"名片"、【宽度】为"90mm"、【高度】为"55mm"、【出血】均为"3mm"，如图4-41所示。单击【确定】按钮，效果如图4-42所示。

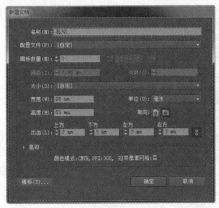

图4-41   图4-42

02 选择工具箱中的【矩形工具】选项，在页面中单击鼠标左键，在弹出的【矩形】对话框中设置【宽度】为"2.5mm"、【高度】为"61mm"，如图4-43所示。将该矩形放到页面合适位置，如图4-44所示。

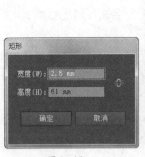

图4-43   图4-44

03 打开【颜色】面板，设置颜色为"C20、M100、Y50、K0"、【描边】为"无"，如图4-45所示。使用同样的方法再绘制一个矩形，【宽度】为"6.2mm"、【高度】为"61mm"，放在合适位置，如图4-46所示。

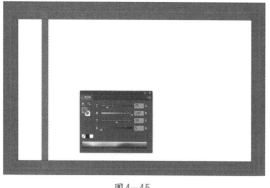

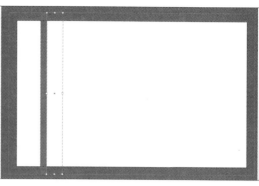

图4—45

图4—46

[04] 打开【颜色】面板，设置填充色为"C30、M0、Y20、K0"、【描边】为"无"，如图4—47所示。使用同样的方法再绘制一个同样大小的矩形，放在合适位置，并填充"C15、M40、Y60、K0"，如图4—48所示。

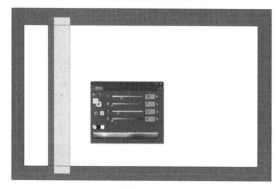

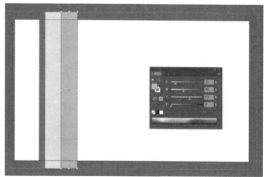

图4—47

图4—48

[05] 选择工具箱中的【椭圆工具】，在页面中单击鼠标左键，在弹出的【椭圆】对话框中设置【宽度】和【高度】均为"16mm"，将绘制好的圆形放在合适位置，如图4—49所示。在【颜色】面板中设置填充色为"C10、M25、Y35、K0"、【描边】为"C15、M40、Y60、K0"、【描边粗细】为"8pt"，效果如图4—50所示。

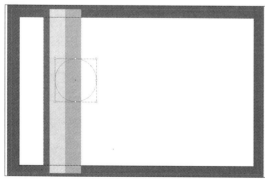

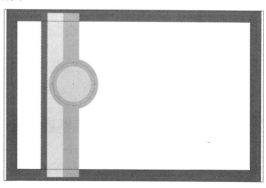

图4—49

图4—50

[06] 使用同样的方法再绘制一个圆形，放在刚绘制好的圆形旁边，如图4—51所示；并设置【填色】为"C20、M100、Y50、K0"、【描边】为"C15、M40、Y60、K0"、【描边粗细】为"5pt"，效果如图4—52所示。

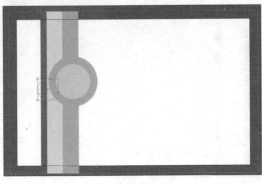

图4-51

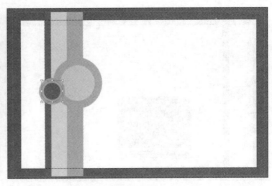

图4-52

[07] 绘制两个大小不同的圆形，使其相交，如图4-53所示。打开【路径查找器】面板，单击【联集】按钮，如图4-54所示。

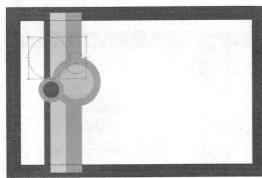

图4-53

图4-54

[08] 打开【颜色】面板，设置填充为"C10、M5、Y0、K0"、【描边】为"C50、M5、Y10、K0"、【描边粗细】为"5pt"，效果如图4-55所示。再绘制一个圆形，颜色设置如图4-56所示。

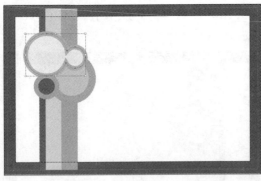

图4-55

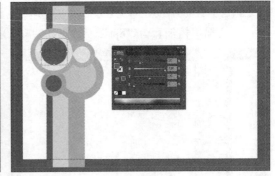

图4-56

[09] 绘制一个白色圆形，放在合适位置，如图4-57所示。选择工具箱中的【钢笔工具】选项，在页面中绘制一个路径，如图4-58所示。

[10] 设置新绘制的路径【填色】为"C20、M100、Y50、K0"、【描边】为"无"，如图4-59所示。将其复制两个并放到合适位置，分别设置【填色】为"C30、M0、Y20、K0"和"C15、M40、Y60、K0"，效果如图4-60所示。

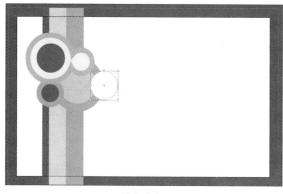

图4-57

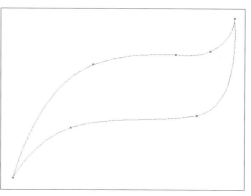

图4-58

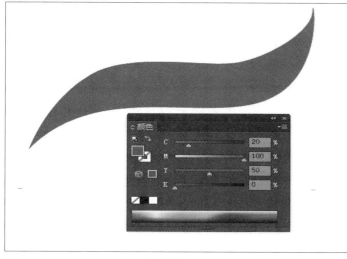

图4-59

图4-60

〔**11**〕将绘制好的图形选中，选择工具箱中的【自由变换工具】选项，在图形定界框左下角的控制点上单击，按住【Ctrl（Windows）/Command（Mac OS）+Shift+Alt（Windows）/Option（Mac OS）】键并拖曳该控制点，可以看到图形发生变化，如图4-61所示。将其缩小并放在合适位置，如图4-62所示。

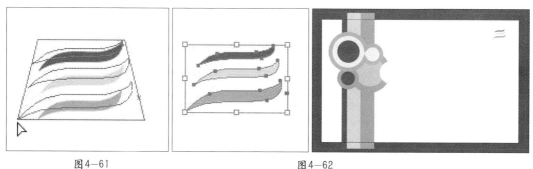

图4-61

图4-62

〔**12**〕使用【文字工具】输入文字，设置字体字号，如图4-63所示。至此，完成了名片的制作，如图4-64所示。

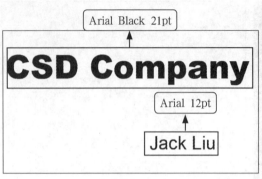

图4—63

图4—64

4.6 本章小结

　　本章所介绍的变形等工具是工作中经常会使用的一系列常用工具，通过结合知识点的学习，应该掌握和熟练运用这些工具和技巧。

4.7 本章习题

1．选择题

（1）变换包括对对象进行移动、旋转、镜像、缩放和倾斜，可以使用（　　）面板。

　　A. 移动　　　　　　　B. 变换　　　　　　　C. 旋转　　　　　　　D. 缩放

（2）要利用特定的预设扭曲（如旋转扭曲、收缩或皱褶），可以使用（　　）。

　　A. 自由变换工具　　　B. 液化工具　　　　　C. 扭曲工具

2．操作题

（1）练习使用【自由变换工具】。

（2）练习使用【路径查找器】。

第5章

符号工具与混合工具

本章主要介绍符号工具与混合工具的使用方法，包括【符号】面板的应用及混合图形的编辑，使设计师对Illustrator CS6各个功能有进一步的认识。

本章学习要点

- ⊡ 认识【符号】面板
- ⊡ 符号工具的使用
- ⊡ 混合工具的使用

<table>
<tr><td>**5.1**</td><td>**符号工具**</td></tr>
</table>

符号是在文档中可重复使用的图稿对象。例如，根据鲜花创建符号，可将该符号的实例多次添加到图稿，而无须多次添加复杂图稿。每个符号实例都会链接到【符号】面板中的符号或符号库，使用符号可节省时间并显著减小文件大小。

5.1.1 / 符号面板

【符号】面板用来管理文档中的符号，即用来建立新符号、编辑修改现有的符号以及删除不再使用的符号。

执行【窗口】>【符号】命令，打开【符号】面板，如图5-1所示。执行【窗口】>【符号库】命令下的子菜单就可以查看、选取所需的符号，也可以建立新的符号库，如图5-2所示。

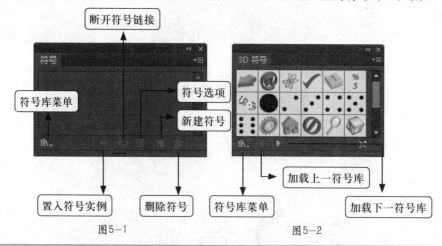

图5-1　　　　　　　　　　　　图5-2

> **小知识**
>
> 更改面板中符号的显示：将符号拖动到需要的位置，当有一条黑线出现在所需位置时，松开鼠标左键。也可以从面板右侧三角下拉菜单中选择【按名称排序】，以按字母顺序列出符号。

1. 载入符号

选择符号库中的一个符号后，单击【置入符号实例】按钮，以将实例置入花瓣的中间位置。将符号拖动到希望在画板上显示的位置，从【符号】面板菜单中选择【置入符号实例】选项，如图5-3所示。

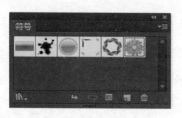

图5-3

2．断开符号

选择文档中的一个符号实例后，单击【断开符号链接】按钮，该文档中的符号实例将与面板中的符号样本断开链接，并且该符号实例将成为可单独编辑的对象，如图5-4所示。

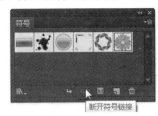

图5-4

3．置换符号

将需要替换的符号选中，并在【符号】面板或符号库中单击选中用来替换的新符号，然后单击【符号】面板右侧的黑色三角按钮，在弹出的下拉菜单中选择【替换符号】选项命令来替换符号，如图5-5所示。

图5-5

4．符号选项

单击【符号选项】按钮，将打开【符号选项】对话框，如图5-6所示。

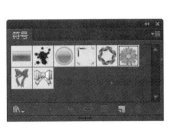

图5-6

> **小知识**
>
> 要重命名符号，可以在【符号】面板中选择此符号，并从面板右侧三角快捷菜单中选择【符号选项】，然后在【符号选项】对话框中设置新名称；也可以先选中图中的符号，然后在选项栏中的【名称】文本框中输入新名称。

5. 新建符号

在文档窗口中选择一个要创建的符号对象，按住【新建符号】按钮，打开【符号选项】对话框，输入符号的名称，单击【确定】按钮，将其创建成一个新的符号，如图5-7所示。

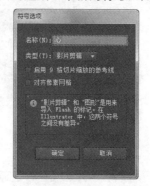

图5-7

5.1.2 符号工具组

符号工具的最大特点是可以方便、快捷地生成很多相似的图形实例，比如一片树林、一群游鱼、水中的气泡等。同时还可以通过符号工具来灵活、快速地调整和修饰符号图形的大小、距离、色彩、样式等。这样，对于群体、簇类的物体就不必通过复制命令来一个一个地复制了，还可以有效地减小设计文件的大小。

在工具栏中，有8种符号工具，用来创建和编辑符号，如图5-8所示。

图5-8

1. 符号喷枪工具

【符号喷枪工具】就像一个粉雾喷枪，可以一次将大量相同的符号添加到页面中。

选择【符号】面板中的一个符号对象，选择【符号喷枪工具】选项，通过单击或拖曳可以将【符号】面板中选中的符号应用到文档中，应用效果如图5-9所示。

双击【符号喷枪工具】按钮，打开【符号工具选项】对话框，设置参数，如图5-10所示。特定工具的选项则出现在对话框底部，可以改变相应值。单击对话框中的工具图标，可以切换到另外一个工具的选项。

单击 单击同一位置 单击并拖动

图5—9

图5—10

【直径】、【强度】和【符号组密度】作为常规选项出现在对话框顶部，与所选的符号工具无关。特定于工具的选项则出现在对话框底部。

【直径】：可调整画笔大小，即选择该工具后光标外面圆形的尺寸，其参数值越大时笔刷直径越大，反之则越小。

【强度】：该选项调整绘制或编辑符号集时的速度，该选项的数值越大，绘制的速度就越快。

【符号组密度】：可以更改符号集的密度，参数值越大时密度越大，反之密度越小。

【方法】：指定【符号紧缩器】、【符号缩放器】、【符号旋转器】、【符号着色器】、【符号滤色器】和【符号样式器】工具调整符号实例的方式。选择【用户自定义】，根据光标位置逐步调整符号；选择【随机】，在光标下使区域可以随机修改符号；选择【平均】，逐步平滑符号值。

【符号喷枪选项】：只有在选择【符号喷枪工具】时，符号喷枪中【紧缩】、【大小】、【旋转】、【滤色】、【染色】和【样式】选项才会显示在【符号工具选项】对话框中的常规选项下，并控制新符号实例添加到符号集的方式。

【平均】：如添加到平均现有符号实例为50%透明度区域的实例将为50%透明度；添加到没有实例的区域的实例将为不透明。

2. 符号移位器工具

【符号移位器工具】可以随意将页面中应用的符号图形移动至另一处。

选择【符号】面板中的一个符号对象，选择【符号移位器工具】选项，可以移动应用到文档中的符号实例或符号组，应用效果如图5—11所示。

图5—11

3．符号紧缩器工具

【符号紧缩器工具】可以将符号向光标所在的位置收缩聚集。

选择【符号】面板中的一个符号对象，选择【符号紧缩器工具】选项，可以对应用到文档中的符号进行缩紧，应用效果如图5—12所示。按住【Alt（Windows）／Option（Mac OS）】键可以使符号扩散开。

图5—12

4．符号缩放器工具

使用【符号缩放器工具】可以在页面中调整符号图形的大小。

选择【符号】面板中的一种符号对象，单击【符号缩放器工具】按钮，可以将选中的符号放大，按住【Alt（Windows）/ Option（Mac OS）】键可以缩小符号，应用效果如图5-13所示。

图5—13

5．符号旋转器工具

【符号旋转器工具】是以笔刷圆心为中心来旋转符号图形，改变符号方向的。

选择【符号】面板中的一个符号对象，单击【符号旋转器工具】按钮，可以将文档中所选的符号进行任意角度旋转，应用效果如图5—14所示。

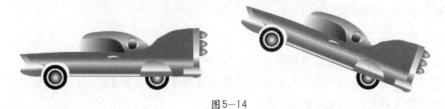

图5—14

6．符号着色器工具

【符号着色器工具】使用填充色来改变图形的色相而保持原始图形的明暗度。

选择图像中的一个符号对象，打开【颜色】面板或者【色板】面板，选择适当的颜色，选择【符号着色器工具】选项，可以将文档中所选符号进行着色，应用效果如图5-15所示。根据单击的次数不同，着色的颜色深浅也会不同，单击次数越多颜色变化越大。

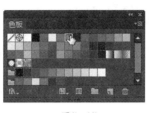

图5-15

7．符号滤色器工具

使用【符号滤色器工具】可以改变符号集合的透明度。

选择【符号】面板中的一个符号对象，选择【符号滤色器工具】选项，可以改变文档中所选符号的不透明度，应用效果如图5-16所示，持续按住鼠标，符号的透明度会增大。

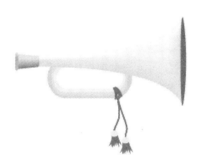

图5-16

> **小知识**
>
> 按住【Alt（Windows）／ Option（Mac OS）】键并单击或拖动符号可以逐渐恢复符号原来的颜色。

8．符号样式器工具

使用【符号样式器工具】可以对所选样式中任何选中图形添加样式效果。

选择【窗口】>【图形样式】面板，在【图形样式库】子菜单中或【图形样式】面板菜单中的【打开图形样式库】子菜单中选择一种效果。

单击面板右侧的黑色三角按钮，在弹出的下拉菜单中执行【打开图形样式库】>【涂抹效果】命令，弹出【涂抹效果】面板，选择一种效果使其添加到【图形样式】面板中，或将其拖

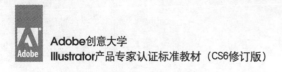

曳至【图形样式】面板中，如图5-17所示。

在页面中选中需要应用图形样式的符号，打开工具箱，选择【符号样式器工具】选项，在符号上单击鼠标左键，为符号添加所选图形样式，应用效果如图5-18所示。

图5-17   图5-18

小知识

按住【Alt（Windows）/ Option（Mac OS）】键并单击或拖动可以减少样式数量并显示更多原始的、无样式的符号。

按住【Shift】键单击可保持样式量为常量，同时逐渐将符号实例样式更改为所选样式。

如果选择样式同时选择了非符号工具，样式将立即应用于整个所选符号实例集。

5.2 混合工具

在Illustrator CS6中，混合模式可以用不同的方式将对象颜色与底层对象的颜色进行混合，以达到想要的效果。

5.2.1 了解混合工具

混合就是在两个原始路径之间创建出新的过渡路径，利用混合的功能，可以从一种形状过渡到另一种形状，从一种颜色过渡到另一种颜色。当混合图像对象时，过渡路径的属性由位于混合两端的终止路径的属性决定，其中包括大小、形状以及全部的笔画属性。

小知识

以下规则适用于混合对象以及与之相关联的颜色。

* 不能在网格对象之间执行混合。

* 如果在两个图案化对象之间进行混合，那么混合步骤将只使用最上方图层中对象的填色。

* 如果在两个使用【透明度】面板指定了混合模式的对象之间进行混合，那么混合步骤仅使用上面对象的混合模式。

* 如果在具有多个外观属性（效果、填色或描边）的对象之间进行混合，那么Illustrator会试图混合其选项。

● 如果在两个相同符号的实例之间进行混合，那么混合步骤将为符号实例。但是，如果
在两个不同符号的实例之间进行混合，那么混合步骤不会是符号实例。

5.2.2 混合选项

在创建混合效果时，混合步数是影响混合效果的重要因素。用鼠标双击工具箱中的【混合
工具】按钮，或者执行【对象】>【混合】>【混合选项】命令，弹出【混合选项】对话框，
如图5-19所示。

图5-19

（1）【间距】：用于控制混合图形之间的过渡样式，其右侧的下拉菜单中包含【平滑颜
色】、【指定的步数】和【指定的距离】3种混合的样式。

【平滑颜色】：选择此选项，系统将根据混合图形的颜色和形状来确定混合步数，如图
5-20所示。

图5-20

> **小知识**
>
> 如果在一个使用印刷色上色的对象和一个使用专色上色的对象之间执行混合，那么混合所
> 生成的形状会以混合的印刷色来上色。如果在两个不同的专色之间混合，就会使用印刷色来为中
> 间步骤上色。但是，如果在相同专色的色调之间进行混合，那么所有步骤都按该专色的百分比进
> 行上色。

【指定的步数】：用来控制在混合开始与混合结束之间的步骤数，如图5-21所示。影响
混合效果的重要因素是混合步数，选择此选项并在右侧的数值输入框中设置参数，可以控制混
合操作的步骤数，步数值越大，所取得的混合效果越平滑。

 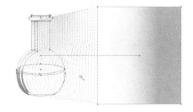

图5-21

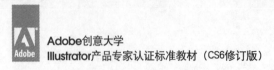
【指定的距离】：用来控制混合步骤之间的距离，如图5-22所示。在右侧数值框中输入的数值就是每一步混合之间的距离，选择此选项并在右侧的数值输入框中设置参数，可以控制混合对象中相邻路径对象之间的距离，数值越小，混合效果越平滑。

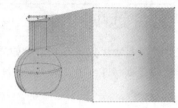

图5-22

（2）【取向】：此选项后面的两个按钮可以控制混合图形的方向。

单击【对齐页面】按钮，可以使混合效果中的每一个中间混合对象的方向垂直于页面的X轴，如图5-23所示。

图5-23

单击【对齐路径】按钮，可以使混合效果中的每一个中间混合路径的方向垂直于路径，如图5-24所示。

图5-24

> ↘ **小知识**
>
> 要调整混合轴的形状，可以使用【直接选择工具】拖动混合轴上的锚点或路径段。

5.2.3 实战案例——应用混合工具

01 执行【文件】>【新建】命令，在弹出的【新建文档】对话框中设置【宽度】为"210mm"【高度】为"297mm"如图5-25所示。

[02] 选择工具箱中的【钢笔工具】，在【颜色】面板中设置【填色】为"无"，【描边】
为"C0，M0，Y40，K0"，在【描边】面板中设置参数为"2pt"，绘制如图5-26所示的
路径。

[03] 选择工具箱中的【钢笔工具】，在【颜色】面板中设置【填色】为"无"，【描边】
为"C100，M75，Y0，K0"，在【描边】面板中设置参数为"8pt"，绘制如图5-27所示的
路径。

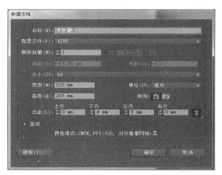  

图5-25 　　　　　　　　图5-26 　　　　　　　　图5-27

[04] 选择工具箱中的【混合工具】，在弹出的【混合选项】对话框中设置【间距】为【指
定的步数】"55"。单击上方的路径然后再单击下方的路径得到如图5-28所示的效果。

[05] 选择工具箱中的【矩形工具】，在【矩形】对话框中设置【宽度】为"200mm"，
【高度】为"200mm"。将矩形移动到线型的上面。选择工具箱中的【直接选取工具】选中全
部图形后按【Ctrl（Windows）/7（Windows）】得到最终效果图，如图5-29所示。

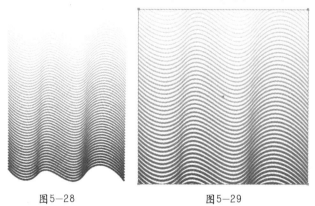

图5-28 　　　　　　　　　　图5-29

5.2.4 / 编辑混合图形

将选择的图形进行混合之后，就会形成一个整体，这个整体是由原混合对象以及对象之间
形成的路径组成的。

1．反转混合图形

使用【选择工具】选中混合图形，执行【对象】>【混合】>【反向堆叠】命令，可以使

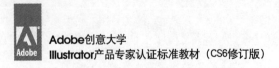

混合效果中每个中间过渡图形的堆叠顺序发生变化，即将最前面的对象移动到堆叠顺序的最后面，如图5-30所示。

图5-30

2．反向混合轴

在创建混合图形之后，系统会在混合对象之间自动建立一条直线路径。

执行【对象】>【混合】>【反向混合轴】命令，将制作好的混合图像反转混合在轴上的顺序，如图5-31所示。

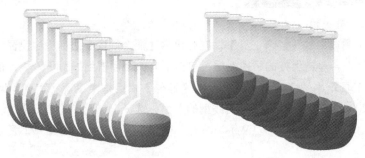

图5-31

3．混合轴的调整

默认情况下混合轴会形成一条直线，如图5-32所示。可以通过【直接选择工具】等工具来调整混合轴。

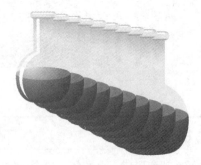

图5-32

可以选择【钢笔工具】选项在混合轴的中间添加锚点，再通过【直接选择工具】移动锚点，通过选择【转换锚点工具】选项转换锚点，调整出适当的曲线，如图5-33所示。

图5-33

4．混合轴的替换

使用【钢笔工具】绘制一条曲线，如图5-34所示。

使用【选择工具】并按住【Shift】键选择曲线和经过混合的图形，如图5-35所示。

执行【对象】>【混合】>【替换混合轴】命令，可以观察到曲线替换了原来的混合轴，使混合对象中的各步骤沿新的混合轴对齐，如图5-36所示。

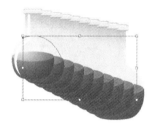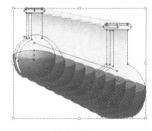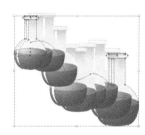

图5-34　　　　　　　图5-35　　　　　　　图5-36

5.2.5 / 扩展混合图形

创建混合效果之后，图形就成为一个由原混合图形和图形之间的路径组成的整体，不可以单独选中。扩展一个混合对象会将混合的图形分割为一系列不同对象，可以像编辑其他对象一样编辑其中的任意一个对象。

使用【选择工具】选中混合图形，执行【对象】>【混合】>【扩展】命令，如图5-37所示，将混合图形进行扩展。

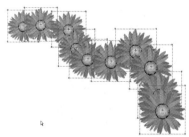

图5-37

扩展后的混合图形会编为一组，在图形上单击鼠标右键，在弹出的快捷菜单中选择【取消编组】选项，再使用【选择工具】选中混合图形中的图形，可以看到每个图形都可以被独立选中，如图5-38所示。

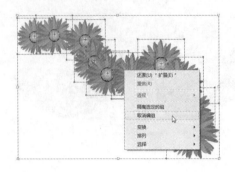

图5-38

5.3 综合案例——制作宣传单

在本案例中，通过符号工具与混合工具的使用方法，包括符号面板的应用及混合图形的编辑，制作一个宣传单。

知识要点提示

符号的应用
混合的使用

操作步骤

01 执行【文件】>【新建】命令，在弹出的【新建文档】对话框中设置【名称】为"宣传单"、【宽度】为"285mm"、【高度】为"210mm"、【出血】均为"3mm"，如图5-39所示。单击【确定】按钮后，效果如图5-40所示。

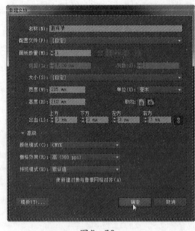

图5-39

图5-40

02 选择工具箱中的【矩形工具】，沿着出血线绘制一个矩形，打开【渐变】面板，在渐变条上添加4个滑块，设置【类型】为"线性"、【角度】为"90"，如图5-41所示。分别设置4个滑块的颜色值，左侧第一个滑块色值为"C20、M0、Y10、K0"，第二个滑块色值为

"C60、M0、Y30、K0"，第三个滑块色值为"C90、M60、Y50、K0"，第四个滑块色值为
"C100、M100、Y60、K30"，如图5-42所示。

图5-41

图5-42

03 打开"素材\第5章\钢琴和音符.ai"，使用【选择工具】将文档中的钢琴复制粘贴到
"宣传单"文档中，如图5-43所示。将其等比例放大，放在合适位置，如图5-44所示。

图5-43

图5-44

04 选择工具箱中的【钢笔工具】选项，在页面中绘制两条开放的路径，如图5-45所
示。设置【填色】为"无"、【描边】为"白色"，如图5-46所示。

图5-45

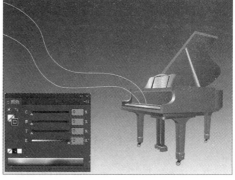

图5-46

05 双击工具箱中的【混合工具】按钮，在弹出的【混合选项】对话框中设置【间距】为
【指定的步数】"3"，如图5-47所示。分别在两条开放路径上单击鼠标左键，效果如图5-48
所示。

图5-47　　　　　　　　　　　　　图5-48

06 打开"素材\第5章\钢琴和音符.ai"，选中素材中的音符，将其复制粘贴到"宣传单"文档中，打开【符号】面板，将音符拖曳到【符号】面板中，如图5-49所示。在弹出的【符号选项】对话框中设置【名称】为"音符"，如图5-50所示。

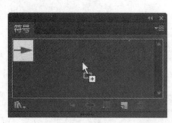

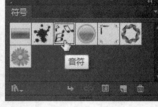

图5-49　　　　　　　　　　　　　图5-50

07 选择工具箱中的【符号喷枪工具】选项，选中"音符"符号，按住鼠标左键在页面中拖曳，如图5-51所示。沿着五线谱拖曳鼠标，如图5-52所示。

08 选择工具箱中的【符号位移器工具】选项，在需要改动符号位置的地方按住鼠标拖曳，如图5-53所示。使用同样的方法将其他地方的符号也移动到合适位置，如图5-54所示。

图5-51　　　　　　　　　　　　　图5-52

图5-53　　　　　　　　　　　　　图5-54

09 选择工具箱中的【文字工具】选项，在页面中输入宣传单的主题，并设置字体字号，如图5-55所示。将文字放在页面中合适的位置，如图5-56所示。

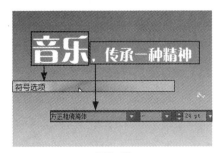

图5—55

图5—56

10 使用【文字工具】输入其他文字，并设置字体字号，如图5—57所示。至此，完成了宣传单的制作，如图5—58所示。

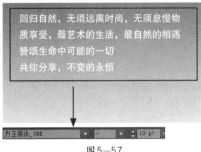

图5—57

图5—58

5.4 本章小结

熟练掌握符号工具与混合工具的使用方法，包括【符号】面板的应用及混合图形的编辑，提高复杂图形及设计作品的表现力。

5.5 本章习题

1．选择题

（1）混合可以在两个对象之间平均创建和分布形状，也可以在两个开放路径之间进行混合，以在对象之间创建（　　）；或结合颜色和对象的混合，在特定对象形状中创建颜色过渡。

　　A．平滑过渡　　　　　B．原始对象　　　　　C．颜色过渡　　　　　D．混合过渡

（2）在工具栏中，有8种符号工具，用来创建和编辑符号，其中不包括（　　）。

　　A．符号喷枪工具　　　　　　　　　　B．符号图形工具

　　C．符号移位器工具　　　　　　　　　D．符号着色器工具

2．操作题

（1）练习置入、替换、修改和创建符号的操作。

（2）练习两个图形间的混合。

第6章

文字应用

本章主要介绍有关Illustrator CS6中文本处理的应用知识。Illustrator可以很方便地创建文字，设置文字属性，并对文字应用特效。本章从文字的创建至文字的编辑均会进行系统的介绍，包括字符面板的应用及文字属性的设置等。

本章学习要点

→ 了解文字的创建方法
→ 掌握字符面板的使用方法
→ 掌握文字属性的设置方法

6.1 文字工具的使用

Illustrator不仅拥有强大的矢量图形处理能力，还具有灵活的文字编辑能力，它支持各种字体和特殊字形，可以调节字体的大小、间距，很好地控制行和列及文本块等，这些强大的功能使Illustrator具备了专业排版软件的特点。

Illustrator 提供了6种文字工具，分别为【文字工具】、【区域文字工具】、【路径文字工具】、【直排文字工具】、【直排区域文字工具】和【直排路径文字工具】。图6-1对各文字工具的作用进行了大致的描述，使设计师对文字工具有个简单的了解。

   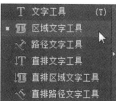

 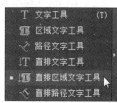  

图6-1

【文字工具】用于创建单独的文字和文字容器，可以输入和编辑文字。

【区域文字工具】用于将封闭路径改为文字容器，可以在其中输入和编辑文字。

【路径文字工具】用于将路径更改为文字路径，可以在其中输入和编辑文字。

【直排文字工具】用于创建直排文字和直排文字容器，可在其中输入和编辑直排文字。

【直排区域文字工具】用于将封闭路径更改为直排文字容器，可在其中输入和编辑文字。

【直排路径文字工具】用于将路径更改为直排文字路径，可在其中输入和编辑文字。

6.2 创建文本

Illustrator 中创建文字的方式有3种：在点处输入文本，在区域中输入文本，或者在某一路径上输入文本。

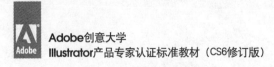
点文字是指从单击位置开始并随着字符输入而扩展的一行或一列横排或直排文本。每行文本都是独立的。对其进行编辑时，该行将扩展或缩短，但不会换行。这种方式非常适用于在图稿中输入少量文本的情形。

区域文字（也称为段落文字）利用对象边界来控制字符排列（既可横排，也可直排）。当文本触及边界时，会自动换行，以落在所定义区域的外框内。当你想创建包含一个或多个段落的文本（比如用于宣传册之类的印刷品）时，这种输入文本的方式相当有用。

路径文字是指沿着开放或封闭的路径排列的文字。当你水平输入文本时，字符的排列会与基线平行。当你垂直输入文本时，字符的排列会与基线垂直。无论是哪种情况，文本都会沿路径点添加到路径上的方向来排列。

6.2.1 点文字

可以使用【文字工具】和【直排文字工具】在点处输入文本。

在工具箱中单击【文字工具】按钮或【直排文字工具】按钮，创建横排或竖排文本。在需要创建文字处单击鼠标左键，设置文本插入点，可以看到单击处出现闪烁的光标，如图6-2所示。这时即可创建点文字，如图6-3所示。

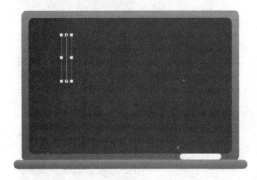

图6-2

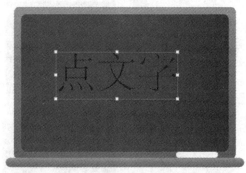

图6-3

按【Enter（Windows）／Return（Mac OS）】键可在同一文本对象中开始新的一行，如图6-4所示。

输入完成后，单击工具箱中的【选择工具】选项来选择文本对象，如图6-5所示。还可以直接按住【Ctrl（Windows）／Command（Mac OS）】键并单击文本，也可以选择文本对象。

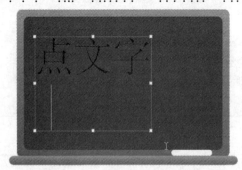

图6-4

图6-5

请注意不要单击现有对象，因为这样会将文字对象转换成区域文字或路径文字，如图6-6所示。如果现有对象恰好位于你要输入文本的地方，请先锁定或隐藏对象。

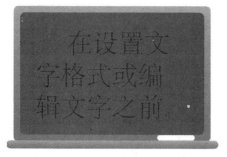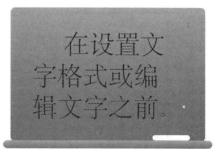

图6-6

6.2.2 / 区域文字

1. 在区域中输入文本

区域文字也称为段落文字，区域文字有以下两种创建方式。

第一种：使用【文字工具】单击并拖曳出一个矩形范围框，如图6-7所示。在框内输入文字，创建区域文字，整个文本的外形呈现为矩形，如图6-8所示。

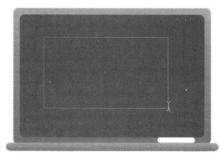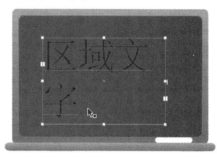

图6-7　　　　　　　　　　　　　　　　图6-8

第二种：选择【区域文字工具】选项，将光标放在一个封闭的图形上（当光标变为Ⅰ状），如图6-9所示。单击鼠标左键，然后就可以在此区域内输入文字，如图6-10所示。输入的文字会限定在此区域内，通过这种方法创建的文字为区域文字，如图6-11所示。

图6-9　　　　　　　　　图6-10　　　　　　　　图6-11

在有图形的区域中输入文字时可以不管图形的描边或填色属性，因为在 Illustrator 中可自动删除这些属性，如图6-12所示。

图6-12

如果在开放路径的图形中输入区域文字，则必须使用【区域文字工具】或【直排区域文字工具】来定义文本框。在 Illustrator 中，定义文字的边界时可在路径的端点之间绘制一条虚构的直线，如图6-13所示。

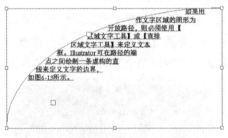

图6-13

2．调整文本区域的形状

如果输入的文本超过区域的容许量，那么靠近边框区域底部的位置会出现一个内含加号（+）的小方块，表示溢流文本，如图6-14所示。

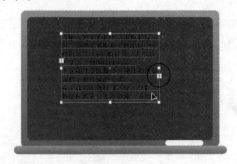

图6-14

下面通过实际操作讲解调整文本区域的方法。

在工具箱中单击【选择工具】选项，将鼠标移至文本框边缘，当指针变成双箭头时，按住鼠标左键拖曳鼠标，将文本框拉大到加号（+）小方块不出现为止，如图6-15所示。

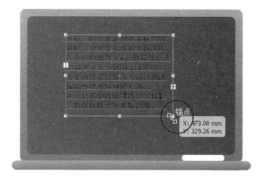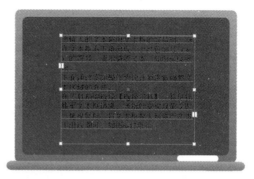

图6—15

在区域中输入文本后，使用【选择工具】在定界框的控制点上调整时（旋转等），文字会在新的区域中重新排列，但是文字的大小和角度不会发生变化。

可以通过快速方法来选中文字：将光标插入文字中，双击鼠标左键可以选择相应文字；连击三下鼠标可以选择整个段落；在选择部分文字后，按住【Shift】键拖动鼠标可以增大或缩小选择范围；按【Ctrl（Windows）/Command（Mac OS）+A】键可以选择同一文本框中的全部文字。

3．文本对象之间的串接与删除或中断串接

输入的文本超过区域的容许量时，还可以将文本串接到另一个文本框中，这两个文本之间将保持连接关系，这是文本之间的串接。

在工具箱中单击【文字工具】按钮，在准备输入文本处按住鼠标左键不放向右下角方向拖曳鼠标，即可创建一个文本框，如图6—16所示。

复制粘贴一段较长的文字到文本框中，当文本框右下角出现红色加号（+）小方块时，则表示文本超过区域的容许量，如图6—17所示。

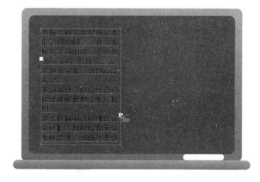

图6—16   图6—17

在工具箱中单击【选择工具】选项，将鼠标移至加号（+）小方块的位置，单击红色加号（+），指针会变成已加载文本的图标。在其他部分单击并向右下角方向拖曳鼠标，松开鼠标后可看到加载的文字自动排入到拖曳的文本框中，即形成两个串接的文本，如图6—18所示。

若还出现溢流文本，则可以重复上一步的操作，直至无加号（+）小方块出现，如图6—19所示。

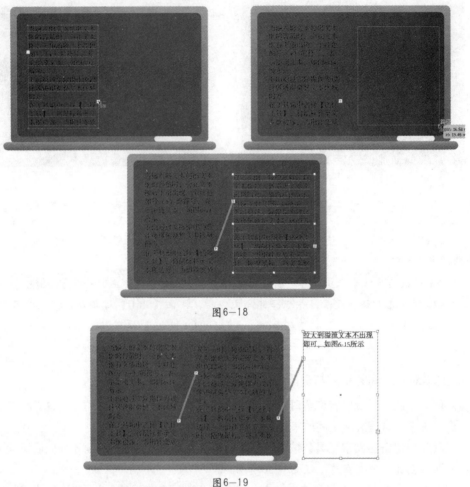

图6—18

图6—19

　　当有串接文本时，查看这些串接是非常重要的。要想查看串接文本，执行【视图】>【显示文本串接】命令，然后选择一个链接对象，即可看到文本直接的串接。

　　还可以将两个或多个独立的文本框串接在一起，或者将串接两个或多个的文本断开。下面通过实际操作掌握串接与断开文本框的方法。

　　如图6—20所示为3个独立的文本框。

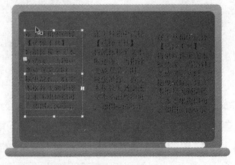

图6—20

使用【选择工具】选择两个独立的路径或者区域文本对象，执行【文字】>【串接文本】>【创建】命令，即可将它们连接成串接文本，如图6-21所示。

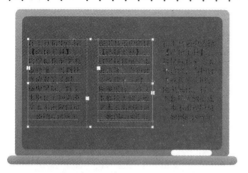
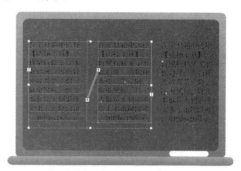

图6-21

重复上一步的操作将第三个文本框连接成串接文本，执行【视图】>【显示文本串接】命令，使用【选择工具】单击文本，可以看到文本框之间的连接符，如图6-22所示。

若要断开文本框之间的串接，可使用【选择工具】选择需要断开串接的文本框，执行【文字】>【串接文本】>【移去串接文字】命令，则完成断开文本框串接的操作，如图6-23所示。

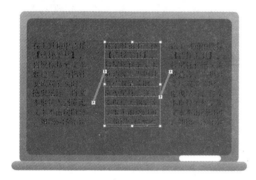
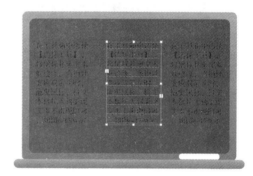

图6-22　　　　　　　　　　　　　　　　　图6-23

小知识

要从文本串接中释放文本对象，执行【文字】>【串接文本】>【释放所选文字】命令，被释放的文本将排列到其他对象中。如图6-24所示，将后两个文本对象释放后所有文字排列到第一个文本对象中。

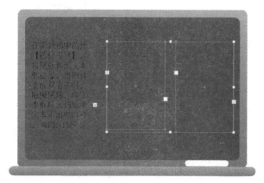

图6-24

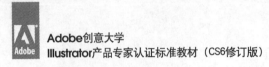
4．创建文本行和文本列

在工具箱中单击【文字工具】按钮，在需要输入文字处沿对角线方向拖曳一个文本框，并复制粘贴一段文字，如图6-25所示。

使用【选择工具】选择文本框，执行【文字】>【区域文字选项】命令，弹出【区域文字选项】对话框，如图6-26所示。

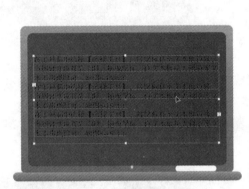

图6-25

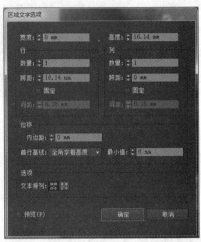

图6-26

【宽度】和【高度】：数值框分别表示文字区域的宽度和高度。

【行】和【列】选项组中的各项含义如下。

- 【数量】：指定希望对象包含的行数和列数（通常所说的"栏数"）。
- 【跨距】：指定单行高度和单列宽度。
- 【固定】：确定调整文字区域大小时行高和列宽的变化情况。选中此选项后，若调整区域大小，则只会更改行数和栏数，而不会改变其高度和宽度。如果希望行高和栏宽随文字区域大小而变化，就请取消选择此选项。图6-27所示为选中【固定】复选框调整大小后的列，高度和宽度都没有改变。图6-28所示为没有选中【固定】复选框调整大小后的列，行高和栏宽随文字区域大小而变化。

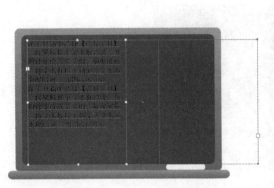

图6-27

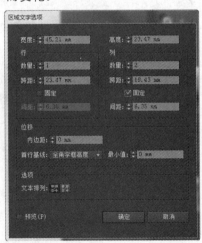

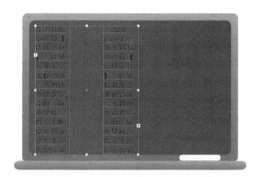
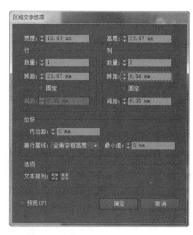

图6-28

- 【间距】：指定行间距或列间距。

选择【文本排列】选项，确定文本在行和列间的排列方式：按行从左到右，按列从右到左。

在【区域文字选项】对话框中，中间的【位移】选项组用于升高或降低文本区域中的首行基线。

在【首行基线】的下拉列表框中，包括以下选项。

- 【字母上缘】：字符的高度降到文字对象顶部之下，如图6-29所示。
- 【大写字母高度】：大写字母的顶部触及文字对象的顶部，如图6-30所示。

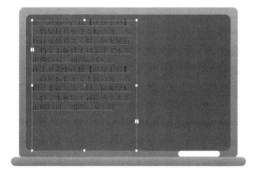

图6-29   图6-30

- 【行距】：以文本的行距值作为文本首行基线和文字对象顶部之间的距离，如图6-31所示。
- 【X高度】：字符X的高度降到文字对象顶部之下，如图6-32所示。

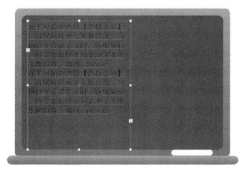
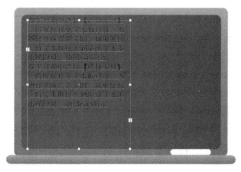

图6-31   图6-32

- 【全角字框高度】：亚洲字体中全角字框的顶部触及文字对象的顶部。此选项只在选中了【显示亚洲文字选项】首选项时才可以使用，如图6-33所示。
- 【固定】：指定文本首行基线与文字对象顶部之间的距离，其值在【最小值】文本框中指定，如图6-34所示。

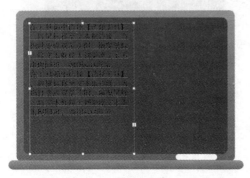

图6-33

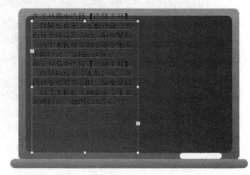

图6-34

- 【旧版】：使用在 Adobe Illustrator 10 或更早版本中使用的第一个基线默认值，如图6-35所示。

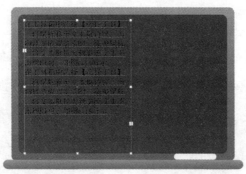

图6-35

- 【最小值】：指定基线可偏移的最小值。

> **小知识**
>
> 简单操作可以使标题适合文字区域的宽度，选择一种文字工具，然后在文本的标题处单击，插入光标，执行【文字】>【适合标题】命令。
>
> 如果更改了文字的样式，就一定要重新应用【适合标题】命令。

5. 文本绕排在对象周围

可以将区域文本绕排在任何对象的周围，其中包括文字对象、导入的图像以及在 Illustrator 中绘制的对象，从而制作出精美的图文混排效果。**如果绕排对象是嵌入的位图图像，那么 Illustrator 会在不透明或半透明的像素周围绕排文本，而忽略完全透明的像素。**

在工具箱中单击【选择工具】，选中需要文字绕排的对象，放在文本周围，如图6-36所示。

执行【对象】>【文本绕排】>【文本绕排选项】命令，显示【文本绕排选项】对话框，如图6-37所示。

图6—36　　　　　　　　　　　　　图6—37

　　文本绕排是由对象的堆叠顺序决定的，可以在【图层】面板中单击图层名称旁边的三角形以查看其堆叠顺序，如图6—38所示。如果对象周围绕排文本，只有绕排对象与文本位于同一图层中，并且在图层层次结构中位于文本的正上方时，可以在【图层】面板中将内容向上或向下拖移以更改层次结构。

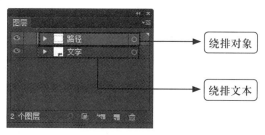

图6—38

　　【位移】：指定文本和绕排对象之间的间距大小。可以输入正值或负值。

　　选中【反向绕排】复选框，可围绕对象反向绕排文本。

　　在【位移】数值框中输入"5pt"，单击【确定】按钮，可以看到文字绕排在图形周围，如图6—39所示。

　　解除对象周围的文字绕排时，可以执行【对象】>【文本绕排】>【释放】命令，如图6—40所示。

图6—39　　　　　　　　　　　图6—40

> **小知识**
>
> 　　将文本绕排时确保要绕排的文字满足以下条件：该文字是区域文字，该文字与绕排对象位于相同的图层中，该文字在图层层次结构中位于绕排对象的正下方。
>
> 　　图层中包含多个文字对象时，不希望绕排于绕排对象周围的文字对象可以转移到其他图层中或者转移到绕排对象上方。

6.2.3 / 路径文字

1. 在路径上输入文字

使用【路径文字工具】和【直排路径文字工具】可以把路径更改为文字路径，也可以在路径中输入和编辑文字。

使用【钢笔工具】绘制一条曲线，如图6-41所示。

图6-41

在工具箱中单击【文字工具】按钮或【路径文字工具】按钮，本例选择【路径文字工具】，将鼠标移至曲线边缘，单击鼠标左键，出现闪烁的光标后输入文字，如图6-42所示。

图6-42

选择【直排文字工具】选项或【直排路径文字工具】选项，也可以沿路径创建直排文本，如图6-43所示。

图6-43

> **小知识**
>
> 绘制的路径对象可以带有描边或填充色属性，因为Illustrator可自动删除这些属性。如果路径为封闭路径而不是开放路径，就必须使用【路径文字工具】或【直排路径文字工具】来定义边框区域。

输入完成后，单击工具箱中的【选择工具】来选择文字对象，或按住【Ctrl（Windows）/Command（Mac OS）】键并单击文本，也可以选择文字对象。

2. 沿路径移动或翻转文字

用【选择工具】选中路径文字，在文字的起点、路径的终点以及起点标记和终点标记之间的中点都会出现标记，如图6-44所示。

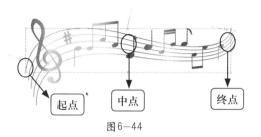

图6-44

将鼠标移至文字的起点标记上，直至指针旁边出现一个小图标▶₊，沿路径拖动文字的起点标记，可以将文本沿路径移动，如图6-45所示。

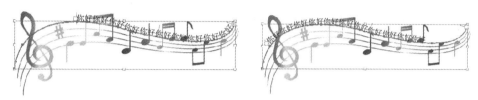

图6-45

若要沿路径移动文本，则要将鼠标移至中点标记上，沿路径拖动文字的起点标记，如图6-46所示，按住【Ctrl（Windows）/Command（Mac OS）】键以防止文字翻转到路径的另一侧，可调整文本位置。

图6-46

要沿路径翻转文本的方向，请拖动标记，使其越过路径，如图6-47所示。或者，也可以执行【文字】>【路径文字】>【路径文字选项】命令，选择【翻转】选项，然后单击【确定】按钮。

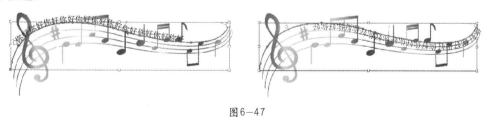

图6-47

3．对路径文字应用效果

路径文字效果可以沿路径扭曲字符方向。必须先在路径上创建文字，然后才能应用这些效果。

使用【选择工具】选中文字，如图6-48所示。

图6—48

执行【文字】>【路径文字】>【路径文字选项】命令，弹出【路径文字选项】对话框，然后在【效果】下拉列表框中选择一个选项，如图6—49所示。图6—50所示分别为【彩虹效果】、【倾斜效果】、【3D带状效果】、【阶梯效果】、【重力效果】。

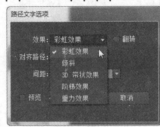

图6—49

彩虹效果

倾斜效果

3D带状效果

阶梯效果

重力效果

图6—50

将重力效果应用于完美环形路径上的文字可创建如同默认彩虹效果的结果。它会按预期在以下路径上执行：椭圆、正方形、矩形或其他不规则形状。

4．调整路径文字的垂直对齐方式

用【选择工具】选中文字对象，如图6—51所示。

图6-51

执行【文字】＞【路径文字】＞【路径文字选项】命令，弹出【路径文字选项】对话框，如图6-52所示。在【对齐路径】下拉列表中选择一个选项，以指定如何将所有字符对齐到路径（相对字体的整体高度），如图6-53所示分别为4种选项的效果。【字母上缘】：沿字体上边缘对齐。【字母下缘】：沿字体下边缘对齐。【居中】：沿字体字母上、下边缘间的中心点对齐。【基线】：沿基线对齐，这是默认设置。

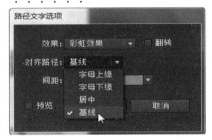

图6-52

字母上缘

字母下缘

居中

基线

图6-53

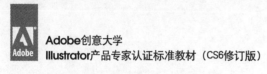

5. 调整锐利转角处的字符间距

当字符围绕尖锐曲线或锐角排列时，因为突出展开的关系，所以字符之间可能会出现额外的间距。

执行【文字】>【路径文字】>【路径文字选项】命令，弹出【路径文字选项】对话框，在【间距】数值框中输入适合的数值，可缩小曲线上字符间的间距，如图6-54所示。

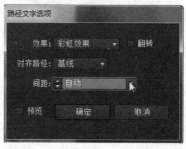

图6-54

【间距】值对位于直线段处的字符不产生影响。若要更改路径上所有字符间的间距，请选中这些字符，然后用字偶间距调整或用字符间距调整。

6.3 导入与导出文本

可以将由其他应用程序创建的文件文本导入到图稿中。Illustrator 支持用于导入文本的以下格式。

- 用于 Windows 97、98、2000、2002、2003 和 2007 的 Microsoft® Word。
- 用于 Mac OS X 2004 和 2008 的 Microsoft Word。
- RTF（富文本格式）。
- 使用 ANSI、Unicode、Shift JIS、GB2312、中文 Big 5、西里尔语、GB18030、希腊语、土耳其语、波罗的语以及中欧语编码的纯文本（ASCII）。

与对文本进行复制和粘贴相比，从文件导入文本的优点之一就是导入的文本会保留其字符及段落的格式。例如，RTF 文件中的文本会在 Illustrator 中保留原字体及样式规范。你还可以在导入纯文本文件的文本时设置编码和格式选项。

6.3.1 文本导入

下面介绍几种导入文本的常用方法。

1. 方法一

执行【文件】>【打开】命令，在弹出的【打开】对话框中选择要打开的文本文件，如图6-55所示。

单击【打开】按钮，显示【Microsoft Word选项】，选中【移去文本格式】复选框，可将Word文档的样式去除，如图6-56所示。

图6-55

图6-56

单击【确定】按钮，导入文本的操作即完成，如图6-57所示。

图6-57

2. 方法二

执行【文件】>【置入】命令，在弹出的【置入】对话框中选择要导入的文本文件，如图6-58所示。

单击【置入】按钮，显示【Microsoft Word选项】，选中【移去文本格式】复选框，可去除Word文档的样式，如图6-59所示。

图6-58

图6-59

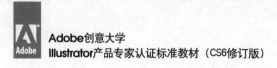

单击【确定】按钮，导入文本的操作即完成，如图6-60所示。

图6-60

3．方法三

若置入纯文本文件（*.txt），执行【文件】>【置入】命令后，在弹出的【置入】对话框中选择要导入的文本文件，如图6-61所示。

单击【置入】按钮后，弹出【文本导入选项】对话框，在【字符集】的下拉列表框中选择"GB2312"及选择【额外回车符】选项，确定 Illustrator在文件中如何处理额外的回车符，如图6-62所示。

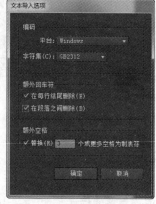

图6-61 图6-62

单击【确定】按钮，可以将纯文本文件（*.txt）导入到Illustrator中，如图6-63所示。

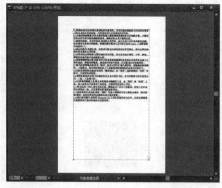

图6-63

从 Microsoft Word 和 RTF 文件导入文本时，请确保你的系统上有文件中所用的字体。如果字体或字体样式缺失（包括名称相同但格式不同的字体，如 Type 1、True Type 或 CID），可能会导致预期之外的结果。在日文系统上，字符集间的差异可能会导致在 Windows 中输入的文本无法在 Mac OS 屏幕上显示。

6.3.2 文本导出

将文档导出到纯文本时，先使用【文字工具】，选择要导出的文本，执行【文件】>【导出】命令，弹出【导出】对话框，在名称框中输入新文本文件的名称，在【保存类型】下拉列表框中选择【文本格式（*.TXT）】选项，如图6-64所示。

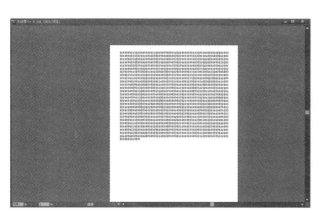

图6-64

单击【保存】按钮，弹出【文本导出选项】对话框。在【文本导出选项】对话框中选择平台和编码方法，单击【存储】（Windows）或【导出】（Mac OS）按钮，即完成导出纯文本的操作，如图6-65所示。

图6-65

6.4 设置文字格式

设置文字格式包括选择文字、查找和替换文本、更改字符的颜色和外观、字符面板概述、给文本加下划线和删除线、应用全部大写字母和小写字母、更改大小写样式、指定弯引号或直引号、设置文字的消除锯齿选项、创建商标或下标、将文字转换为轮廓、选择OpenType字体的数字样式、以OpenType字体设置分数字和数字格式、使用智能标点。

6.4.1 / 选择文字

选择字符后，可以编辑字符、使用【字符】面板设置字符格式、为字符应用填充和描边属性以及更改字符的透明度。可以将这些更改应用于一个字符、某一范围的字符或文字对象中的所有字符。选择字符后，将在文档窗口中突出显示这些字符，并在【外观】面板中显示文字【字符】。

选择某个文字对象后，可以为该对象中的所有字符应用全局格式设置选项，其中包括【字符】和【段落】面板中的【选项】、【填充】和【描边属性】以及【透明度】设置等。此外，可以对所选文字对象应用效果、多种填色和描边以及不透明蒙版。（单独选中的字符无法如此操作。）选择某个文字对象后，将在文档窗口中该对象周围显示一个边框，并在【外观】面板中显示文字【文字】。

选定文字路径后，便可调整其形状，对其应用填色和描边属性。（点文字无法使用这种选择级别。）选择某个文字路径后，将在【外观】面板中显示文字【路径】。

1. 选择字符

在工具箱中选择任意文字工具，按住鼠标左键不放并拖曳以选择一个或多个字符，如图6-66所示。

将光标置于文字上，双击鼠标，相应的字或整句可以被选中，如图6-67所示。

图6-66　　　　　　　　　图6-67

> **小知识**
>
> 将光标放置在需要选择的地方，按住【Shift】+【→】/【←】键或【↑】/【↓】键可以选择单个或整行字符。

将光标置于文字段落上，连续三次单击鼠标左键，即可选择整行或整段的文字，如图6-68所示。

将光标置于文字段落上，执行【选择】>【全部】命令，即可选择文字对象中的所有字符，如图6-69所示。

图6-68　　　　　　　　　图6-69

2．选择文字对象

使用【选择工具】或【直接选择工具】，在文字上单击鼠标左键，即可选中文字对象，如图6—70所示。按住【Shift】键再单击鼠标可选择多个文字对象。

图6—70

在【图层】面板中，单击图层旁的三角形可显示隐藏内容，然后在显示的内容中单击【图层】面板右边缘的【指示所选图稿】按钮，即可选中文字对象，如图6—71所示。

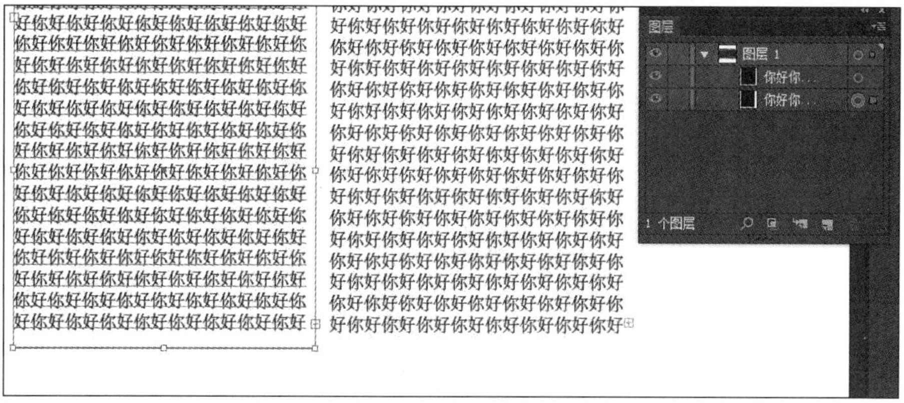

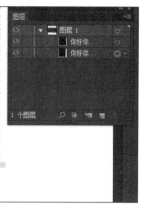

图6—71

按住【Shift】键的同时单击【图层】面板中文字项目的右边缘，即可选中多个文字，如图6—72所示。

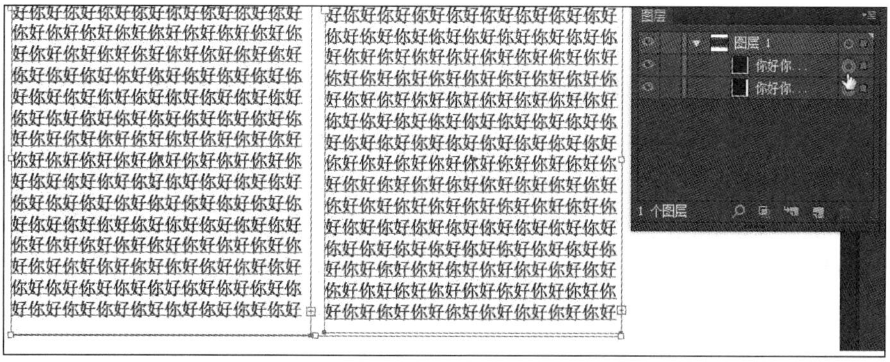

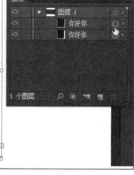

图6—72

执行【选择】>【对象】>【文本对象】命令，可以选择文档中所有的文字对象，如图6—73所示。

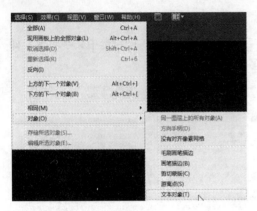

图6-73

3. 选择文字路径

选定文字路径后，便可调整其形状，对其应用填色和描边属性。（点文字无法使用这种选择级别。）选择某个文字路径后，将在【外观】面板中显示文字【路径】。

使用【直接选择工具】或【编组选择工具】，在文字路径上单击鼠标左键，即可选中文字路径，如图6-74所示。

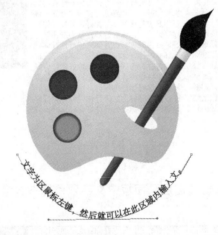

图6-74

> **小知识**
>
> 在选择文档窗口中的文字时，【仅按路径选择文字对象】首选项将决定选择工具的敏感程度。当此首选项被选中时，必须直接单击文字路径以选择文字。当取消选中此首选项时，可以单击文字或路径来选择文字。可以执行【编辑】>【首选项】>【文字】（Windows）或【Illustrator】>【首选项】>【文字】（Mac OS）命令以设置此首选项。

6.4.2 实战案例——应用文字工具

01 打开"素材\第6章\练习.ai"，如图6-75所示。

02 选择工具箱中的【直线段工具】画一条线段，如图6-76所示。

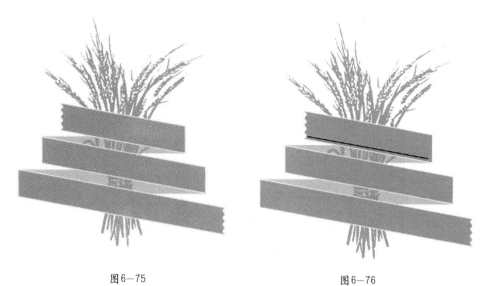

图6-75   图6-76

03 选择工具箱中的【路径文字工具】，在所画线段上输入"100%"，设置字体大小为"48pt"，字体颜色为"C7.75、M8.75、Y16.4、K0"，如图6-77所示。使用同样方法分别在下面两个棕色框中输入文字"ECOLOGIC"、"INGREDITNES"，如图6-78所示。

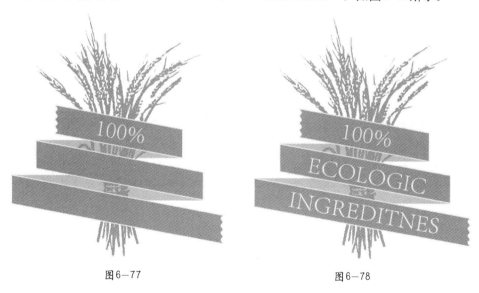

图6-77   图6-78

6.4.3 / 字符样式

字符样式是许多字符格式属性的集合，可应用于所选的文本范围。使用字符，还可确保格式的一致性。

使用【字符】面板对文档中的单个字符应用字符格式。执行【窗口】>【文字】>【字符】命令，打开【字符】面板，如图6-79所示。

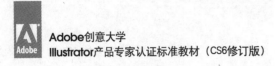

默认情况下，【字符】面板中只显示最为常用的选项，在面板菜单中选择【显示选项】，可以显示所有选项。单击面板右侧的黑色三角按钮，在显示的下拉菜单中可以显示【字符】面板的其他命令和选项，如图6-80所示。反复双击【字符】面板选项卡，可循环切换显示大小。

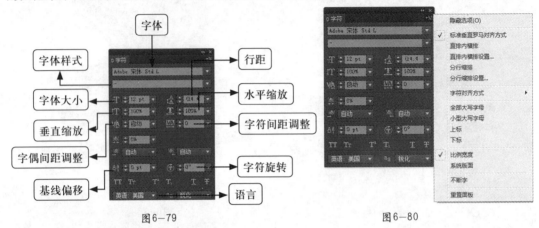

图6-79　　　　　　　　　　　　　　　　　　　图6-80

当选择了文字对象或【文字工具】处于使用状态时，也可以使用选项栏来设置字符格式，如图6-81所示。

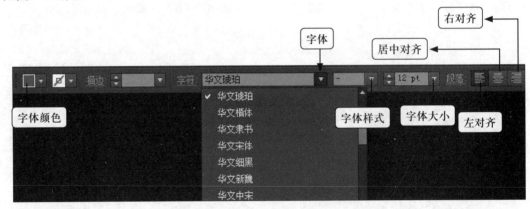

图6-81

6.4.4 关于字体

字体是由一组具有相同粗细、宽度和样式的字符（字母、数字和符号）构成的完整集合，如10点Adobe Garamond粗体。

字形（通常称为文字系列或字体系列）是由具有相同整体外观的字体构成的集合，它们是专为一起使用而设计的，如Adobe Garamond。

字体样式是字体系列中单个字体的变体。通常，字体系列的罗马体或普通（实际名称因字体系列而异）是基本字体，其中可能包括一些文字样式，如常规、粗体、半粗体、斜体和粗体斜体。

选中要更改的字符或文字对象，使用【字符】面板、【控制】面板或【文字】菜单，设置【字体系列】选项和【样式】选项。

执行【窗口】>【文字】>【字符】命令，可以在【字体系列】下拉列表中选择字体，如图6-82所示。

单击【文字工具】按钮，在【控制】面板中，设置【字体系列】选项，如图6-83所示。

执行【文字】>【字体】命令，可以在子菜单中选择所需的字体，如图6-84所示。

图6-82

图6-83

图6-84

小知识

可以在【字符】面板中的字体系列菜单和字体样式菜单中查看某一种字体的样本，也可以在从其中选取字体的应用程序的其他区域中进行查看。下列图标说明了不同类型的字体：OpenType、Type 1、TrueType、多模字库、复合，可以关闭预览功能，或更改"文字"首选项中的字体名称或字体样本的点大小。

6.4.5 设置字体大小

也可以使用【文字】菜单、【字符】面板或【控制】面板选择字体的大小，如图6-85所示。选择要更改的字符或文字对象，如果未选择任何文本，字体大小就会应用于创建的新文本。

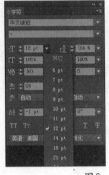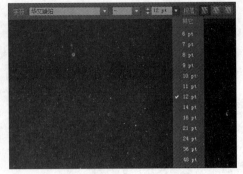

图6-85

6.4.6 字符面板的其他设置

在【字符】面板中，还可以对字符进行行距、水平／垂直缩放、字符旋转、下划线和删除线等的设置。

1. 行距的设置

各文字行间的垂直间距称为（行距）。测量行距时，计算的是一行文本的基线到上一行文本基线的距离。基线是大多数字母排于其上的一条不可见直线。图6-86所示是行距分别设置为"6pt"和"10pt"的效果。

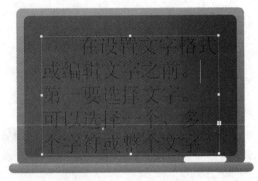

图6-86

默认的自动行距是按字体大小的120%设置行距（例如，15点文字的行距为18点）。使用自动行距时，【字符】面板的【行距】菜单将在圆括号内显示行距值。可以使用以下方式来更改此默认自动行距：从【段落】面板右侧三角下拉菜单中选择【字距调整】，然后指定介于"0"和"500"之间的百分比。

默认情况下，行距是一种字符属性，这表示可以在同一段落中应用多种行距。该行的行距是由一行文字中的最大行距决定的。

2. 字符的缩放

可以相对字符的原始宽度和高度指定文字高度和宽度的比例。【水平缩放】可以通过挤压或扩展来人为创建缩小的或扩大的文字，如图6-87所示为【水平缩放】分别设为"100%"和"50%"的效果。【垂直缩放】可以垂直地缩小或放大字体，如图6-88所示为【垂直缩放】分别设为"100%"和"150%"的效果。

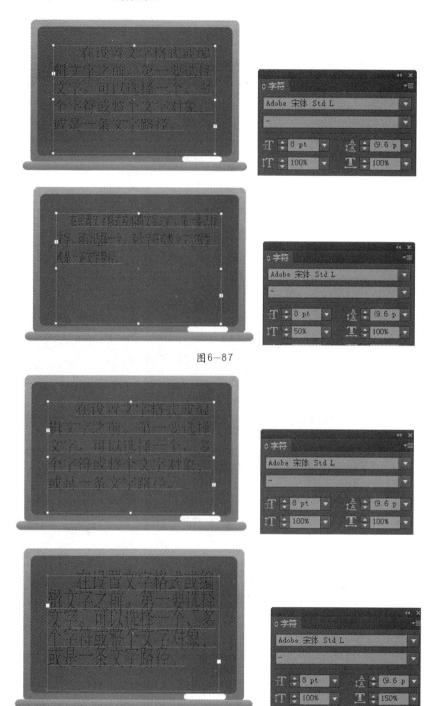

图6-87

图6-88

3．字符的旋转

在【字符】面板的【字符旋转】中，可以输入或选择合适的旋转角度将字符旋转。图6-89所示为【字符旋转】分别设为"60°"和"-150°"的效果。执行【文字】>【文字方向】

命令可以更改默认的文字走向，文字走向有【水平】和【垂直】两种。

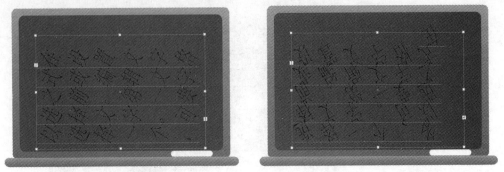

图6-89

4．下划线和删除线

选择【字符】面板中的【下划线】或【删除线】选项，可以为文本添加下划线或删除线，如图6-90所示，以突出文章的重点及要删除的文字。

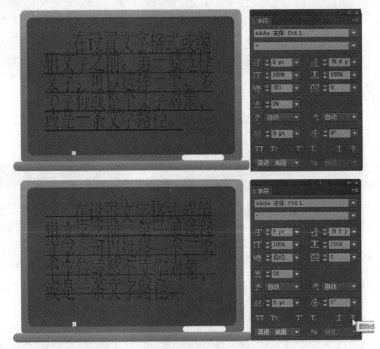

图6-90

6.4.7 / 特殊字符

除了键盘上可看到的一些简单的字符之外，字体中还包括许多特殊的字符。

通过【字形】面板从字体中查看和插入字形，【OpenType】面板能够设置字形的使用方法。

1．【字形】面板

执行【窗口】>【文字】>【字形】命令，可以打开【字形】面板，如图6-91所示。

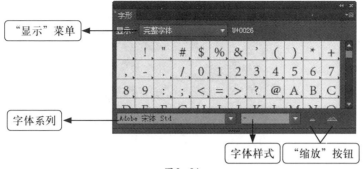

图6-91

选择【文字工具】选项，在要插入字符的位置单击鼠标左键，放置插入点，再在【字形】面板中双击要插入的字符，即可插入字符，效果如图6-92所示。

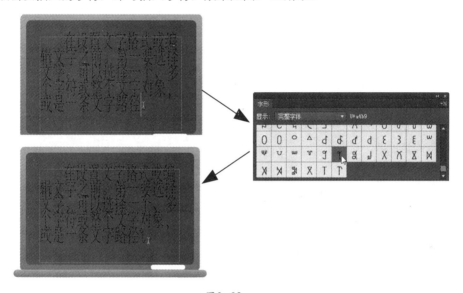

图6-92

2．【OpenType】面板

OpenType 字体使用一个适用于 Windows® 和 Macintosh® 计算机的字体文件，因此，你可以将文件从一个平台移到另一个平台，而不用担心字体替换或其他导致文本重新排列的问题。它们可能包含一些当前 PostScript 和 TrueType 字体不具备的功能，如花饰字和自由连字。

OpenType 字体可能包括扩展的字符集和版面特征，用于提供更丰富的语言支持和高级的印刷控制。在应用程序字体菜单中，包含中欧（CE）语言支持的 Adobe OpenType 字体包括单词"Pro"作为字体名称的一部分；不包含中欧语言支持的 OpenType 字体被标记为"Standard"并带有"Std"后缀。所有 OpenType 字体也可以与 PostScript Type 1 和 TrueType 字体一起安装和使用。

使用 OpenType 字体时，执行【窗口】>【文字】>【OpenType】命令，可弹出【OpenType】面板，如图6-93所示。在【OpenType】面板中可直接为选中的文本应用 OpenType字体特性。面板中由左至右的字形按钮分别为【标准连字】、【上下文替代字】、【自由连字】、【花饰字】、【文体替代字】、【标题替代字】、【序数字】和【分数字】。

图6-93

6.5 设置段落样式

使用【段落】面板可以更改段落的格式，如文字对齐、缩进、基线对齐、字符间距等。当选择了文字或文字工具处于现用状态时，也可以使用【控制】面板中的选项来设置段落格式。执行【窗口】>【文字】>【段落】命令，显示【段落】面板，如图6-94所示。

单击【段落】面板右侧的黑色小三角按钮，在显示的快捷菜单中可以显示【段落】面板中的其他命令和选项，如图6-95所示。默认情况下，【段落】面板中只显示最常用的选项。反复双击面板的选项卡，对显示大小进行循环切换。

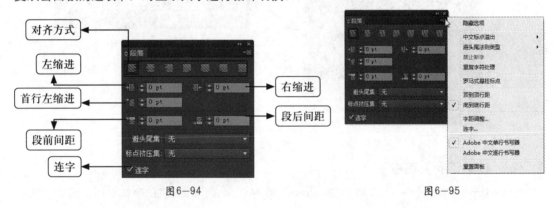

图6-94　　　　　　　　　　　　　　　图6-95

6.5.1 文本对齐

区域文字和路径文字可以与文字路径的一个或两个边缘对齐。

使用【选择工具】选中文字，或选择【文字工具】选项选择文字对象，或者在要更改的段落中插入光标。如果未选择文字对象，或未在段落中插入光标，就会将对齐方式应用于所创建的新文本。在要更改的段落中单击鼠标左键插入光标进行更改。

在【段落】面板中包含7种对齐方式，分别为【左对齐】、【居中对齐】、【右对齐】、【两端对齐，末行左对齐】、【两端对齐，末行居中对齐】、【两端对齐，末行右对齐】和【全部两端对齐】。应用各种对齐方式的效果如图6-96所示。

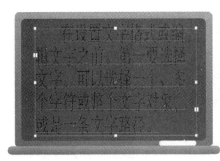

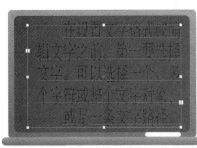

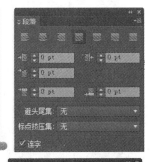

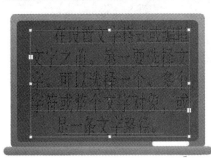

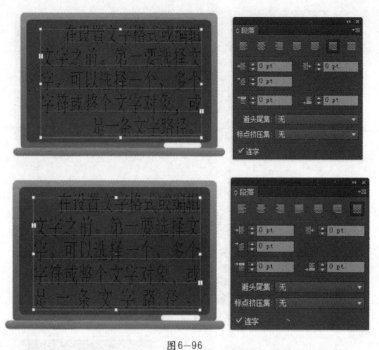

图6—96

6.5.2 文本缩进

缩进是指文本和文字对象边界间的间距量。缩进只影响选中的段落，因此可以很容易地为多个段落设置不同的缩进。

在使用【段落】面板时，可分别在【左缩进】、【右缩进】和【首行缩进】数值框中输入数值。图6—97（a）所示为各缩进值均为"0pt"的效果，图6—97（b）所示为左缩进"10pt"的效果，图6—97（c）所示为右缩进"10pt"的效果，图6—97（d）所示为首行左缩进"10pt"的效果。

（a）　　　　　　　　　　　　　　　　（b）

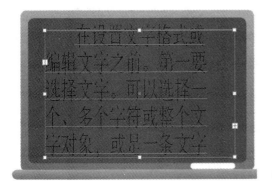

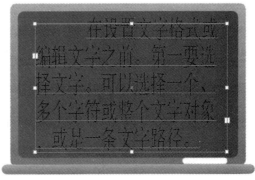

（c）　　　　　　　　　　　（d）

图6—97

6.5.3　段落间距调整

选择【文字工具】，在要更改的段落中插入光标，或选择要更改其全部段落的文字对象。如果没有在段落中插入光标，或未选择文字对象，那么设置会应用于创建的新文本。

使用【段落】面板时，调整【段前间距】和【段后间距】。图6-98所示为无段前间距和段后间距的效果。分别在【段前间距】和【段后间距】数值框中输入"20pt"得到的效果如图6-99和图6-100所示。

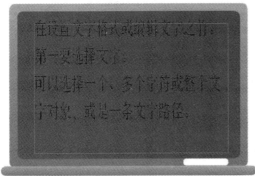

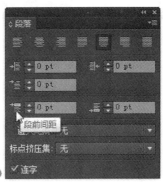

图6—98

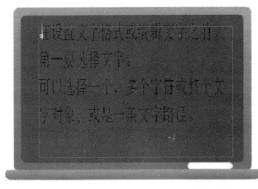

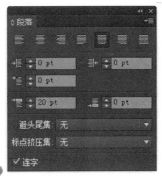

图6—99

图6-100

6.5.4 【制表符】面板

制表符可以用来设置段落或文字对象的制表位，使设计师更好地自定义对齐文本。下面介绍【制表符】面板各结构名称。

执行【窗口】>【文字】>【制表符】命令，弹出【制表符】对话框，如图6-101所示。

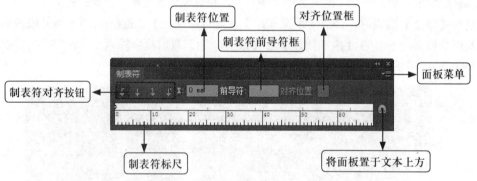

图6-101

制表符中定位文本的6种不同定位符如下所示。

【左对齐制表符】： 靠左对齐横排文本，右边距可因长度不同而参差不齐。

【居中对齐制表符】： 按制表符标记居中对齐文本。

【右对齐制表符】： 靠右对齐横排文本，左边距可因长度不同而参差不齐。

【底对齐制表符】： 靠下边缘对齐直排文本，上边距可参差不齐。

【顶对齐制表符】： 靠上边缘对齐直排文本，下边距可参差不齐。

【小数点对齐制表符】： 将文本与指定字符（例如句号或货币符号）对齐放置。在创建数字列时，此选择尤为有用。

选择【文字工具】选项，将光标插入段首位置，然后按【Tab】键。执行【文字】>【显示隐藏字符】命令，可看到段首位置的制表位标记，如图6-102所示。

使用【文字工具】选择已做标记的文本。选择【窗口】>【文字】>【制表符】命令，打开【制表符】面板。选择【制表符】面板右侧的小磁铁图标，可以将【制表符】面板与所选文本对齐，如图6-103所示。

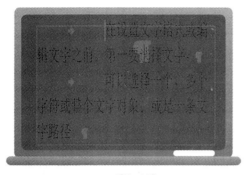

图6-102 图6-103

在【制表符】面板中选择对齐按钮，以左对齐为例，选择左对齐按钮在制表符标尺上单击鼠标左键，确定新制表符定位点，如图6-104所示。

若在文本中插入多个制表位标记，则可在【制表符】标尺上与制表位标记对应处新建多个制表符定位点，如图6-105所示。

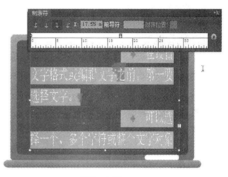

图6-104 图6-105

拖曳【制表符】面板中的缩进标记可调整段落的缩进。上方标记控制段落中首行文本的缩进，如图6-106（a）所示；下方标记控制段落中其他文本行的缩进，如图6-106（b）所示。

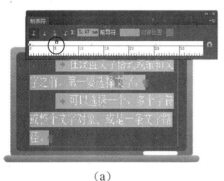

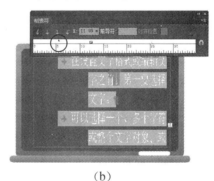

（a） （b）

图6-106

6.6 综合案例——制作精美卡片

在本案例中，将使用【文字工具】创建文字，设置文字属性，并对文字应用特效。本章从

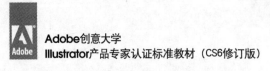
文字的创建至文字的编辑入手来制作精美卡片。

📹 **知识要点提示**

字形的输入方法

📁 **操作步骤**

01 执行【文件】>【打开】命令，在弹出的对话框中打开"素材\第6章\精美卡片.ai"，如图6-107所示。

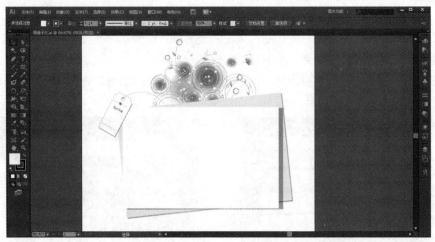

图6-107

02 使用【文字工具】在画板上拖曳出一个文本框，然后输入文字"祝愿天下所有考生开心度⋯⋯相信自己一定行。"，如图6-108所示。

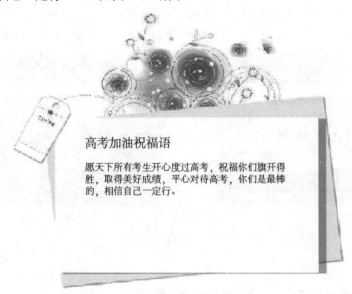

高考加油祝福语

愿天下所有考生开心度过高考，祝福你们旗开得胜，取得美好成绩，平心对待高考，你们是最棒的，相信自己一定行。

图6-108

03 选中输入的文字，将"高考加油祝福语"设置为"居中对齐"，如图6-109所示。

图6-109

04 使用同样的方法将段落设置为"居中对齐",如图6-110所示。

图6-110

05 选中文本框中的所有文字,将字体设置为"新宋体",颜色设置为"径向渐变",如图6-111所示。左边滑块的颜色为"R255、G25、B82",如图6-112所示;右边滑块的颜色为"R255、G245、B233"。

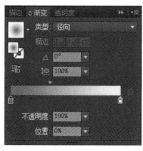

图6-111

图6-112

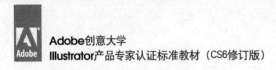

06 执行【文字】>【字形】命令，在字形区双击如图6-113所示的字形。至此完成卡片的制作，如图6-114所示。

图6-113   图6-114

6.7 本章小结

通过学习本章的内容，使设计师了解并掌握编辑和控制文本的方法和技巧，进一步领会Illustrator CS6处理文本的要领。

6.8 本章习题

1. 选择题

（1）Illustrator 提供了6种文字工具，不包括（   ）。

　　A. 文字工具　　　　　　　　　　　　B. 区域文字工具

　　C. 直排文字工具　　　　　　　　　　D. 垂直路径文字工具

（2）Illustrator 中创建文字的方法有3种，不包括（   ）。

　　A. 从某一点输入　　　　　　　　　　B. 排入指定区域

　　C. 排入任何区域　　　　　　　　　　D. 沿路径创建

（3）选中文字后，就可以对文字属性进行设置和编辑了。可以使用【字符】面板对文档中的单个字符应用字符格式，执行（   ）命令。

　　A.【窗口】>【文字】>【字形】　　　　B.【窗口】>【文字】>【字符】

　　C.【选择】>【对象】>【文本对象】

2. 问答题

文字工具、区域文字工具和路径文字工具三者的区别是什么？

3. 操作题

（1）练习创建路径文字。

（2）练习左缩进、右缩进和首行缩进文本。

第7章

描摹图稿

本章主要介绍描摹图稿的方法，Illustrator可以对图像进行自动描摹，使图像看上去更加具有生活感和艺术感，根据描摹结果还可以对图像进行进一步的处理，其中比较重要的一种处理形式就是实时上色，可以根据自己的需要对图像进行上色。

本章学习要点

➡ 了解描摹图稿的基本方法
➡ 掌握实时描摹的基本操作
➡ 掌握实时上色的基本操作

7.1 实时描摹

实时描摹可以控制图像细节级别和填色描摹的方式，它可以对图像进行自动描摹。当用户对描摹结果满意时，可以将描摹转换为矢量路径。

7.1.1 描摹图稿

打开或置入任意文件，选中图像后，执行【窗口】>【图像描摹】命令，弹出【图像描摹】面板，如图7-1所示，设置图像描摹面板。

图7-1

【预设】：指定描摹预设。在【预设】下拉列表中可以看到图7-2所示的自带预设。选择所需的预设后，单击【描摹】按钮，就可以按照预设的选项设置来描摹图像。图7-3所示分别为【低保真度照片】、【3色】、【灰阶】、【技术绘图】、【黑白徽标】、【素描图稿】、【剪影】、【线稿图】的效果。

图7-2

照片低保真度   三色

灰阶

技术绘图

黑白徽标

素描图稿

剪影

线稿图

图7-3

7.1.2 实战案例——应用描摹图稿

01 打开"素材\第7章\练习.jpg",如图7-4所示。

02 选择工具箱中的【直接选择工具】选中图像,如图7-5所示。

图7-4

图7-5

[03] 执行【窗口】>【图像描摹】命令，打开【图像描摹】面板。选中【预设】，将【预设】设置为"3色"，如图7-6所示。

图7-6

7.1.3 自动描摹图稿

选中置入到Illustrator中的对象，若要使用默认描摹选项描摹图像，则单击选项栏中的【实时描摹】按钮，或执行【对象】>【实时描摹】>【建立】命令。

7.1.4 描摹选项

【预设】：指定描摹预设。

【模式】：指定描摹结果的颜色模式。

【阈值】：**指定用于从原始图像生成黑白描摹结果的值。**所有比阈值亮的像素转换为白色，而所有比阈值暗的像素转换为黑色。（该选项仅在【模式】设置为"黑白"时可用。）

【面板】：指定用于从原始图像生成颜色或灰度描摹的面板。（该选项仅在【模式】设置为"颜色"或"灰度"时可用。）

【最大颜色数】：设置在颜色或灰度描摹结果中使用的最大颜色数。（该选项仅在【模式】设置为"颜色"或"灰度"且面板设置为"自动"时可用。）

【输出到色板】：在【色板】面板中为描摹结果中的每种颜色创建新色板。

【模糊】：生成描摹结果前模糊原始图像。选择此选项，在描摹结果中减轻细微的不自然感并平滑锯齿边缘。

【重新取样】：生成描摹结果前对原始图像重新取样至指定分辨率。该选项对加速大图像的描摹过程有用，但将产生降级效果。

【填色】：在描摹结果中创建填色区域。

【描边】：在描摹结果中创建描边路径。

【最大描边粗细】：指定原始图像中可描边的特征最大宽度。大于最大宽度的特征在描摹结果中成为轮廓区域。

【最小描边长度】：指定原始图像中可描边的特征最小长度。小于最小长度的特征将从描摹结果中忽略。

【路径拟和】：控制描摹形状和原始像素形状间的差异。较低的值创建较紧密的路径拟和，较高的值创建较疏松的路径拟和。

【最小区域】：指定将描摹的原始图像中的最小特征。

【拐角角度】：指定原始图像中转角的锐利程度，即描摹结果中的拐角锚点。有关拐角锚点和平滑锚点间的差别的更多信息，请参阅关于路径。

【栅格】：指定如何显示描摹对象的位图组件，此视图设置不会存储为描摹预设的一部分。

【矢量】：指定如何显示描摹结果，此视图设置不会存储为描摹预设的一部分。

> **小知识**
>
> 全新的描摹引擎能将栅格图像转换为可编辑矢量。无须使用复杂控件即可获得清晰的线条、精确的拟合及可靠的结果。

7.1.5 将描摹对象转换为路径

选中描摹对象，单击选项栏中的【扩展】按钮或执行【对象】>【实时描摹】>【扩展】命令，可以将描摹对象转换成路径，生成的路径将组合在一起，如图7-7所示。

图7-7

7.1.6 / 将描摹对象转换为实时上色对象

选中描摹对象，单击选项栏中的【拓展】后执行【对象】>【实时上色】>【建立】命令，可以看到转换后的图像创建成为了一个实时上色组，如图7-8所示。

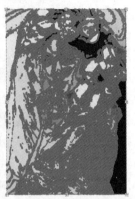

图7-8

> **小知识**
>
> 描摹对象后，如果想放弃描摹但保留置入的图像，就可以在选择描摹对象后执行【对象】>【实时描摹】>【释放】命令。

7.2 实时上色

实时上色是一种创建彩色图画的直观方法。采用这种方法，可以使用Illustrator 的所有矢量绘画工具，将绘制的全部路径视为在同一平面上。也就是说，任何路径都无前后之分。实际上，路径将绘画平面分割成几个区域，可以对其中的任何区域进行着色，而不论该区域的边界是由单条路径还是多条路径段确定的。这样一来，为对象上色就有如在涂色簿上填色，或是用水彩为铅笔素描上色，如图7-9所示。

图7-9

创建实时上色组后，每条路径都会保持完全可编辑性。移动或调整路径形状时，前期已应用的颜色不会像在自然介质作品或图像编辑程序中那样保持在原处，相反，Illustrator会自动将其重新应用于由编辑后的路径所形成的新区域，如图7-10所示。

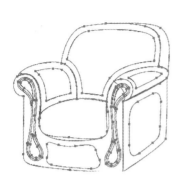

图7-10

实时上色组中可以上色的部分称为表面和边缘。边缘是一条路径，与其他路径交叉后，处于交点之间的路径部分表面是一条边缘或多条边缘所围成的区域。可以为边缘描边、为表面填色，如图7-11所示。

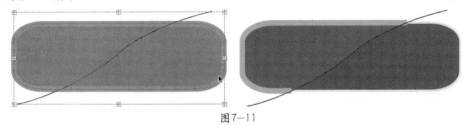

图7-11

7.2.1 实时上色组

如果要对对象进行着色，并且每个边缘或交叉线使用不同的颜色，就将图稿转换为实时上色组。

某些对象类型（如文字、位图图像和画笔）是无法直接建立到实时上色组中的。首先要把这些对象转换为路径。例如，要转换使用了画笔或效果的对象，则其复杂的视觉外观会在转换为"实时上色"时丢失。不过，可以通过将对象首先转换为常规路径使外观存储下来，然后再将生成的路径转换为"实时上色"。

> **小知识**
>
> 将图稿转换为实时上色组时，无法将图稿恢复为原始状态。可以将组扩展为各个组件，或者释放组以返回原始路径，这些路径没有进行填充且具有0.5磅宽的黑色描边。

1. 创建实时上色组

选择一条或多条路径，执行【对象】>【实时上色】>【建立】命令或使用【实时上色工具】单击选定的对象。

2. 将对象转换为实时上色组

对于不能直接转换为实时上色组的对象，可以执行下列任一操作。

（1）对于文字对象，执行【文字】>【创建轮廓】命令，接下来，将生成的路径变为实时上色组。

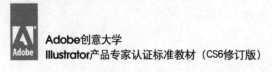
（2）对于位图图像，执行【对象】>【实时上色】>【建立并转换为实时上色】命令。

（3）对于其他对象，执行【对象】>【扩展】命令，可以将生成的路径变为实时上色组。

7.2.2 / 实时上色工具

通过使用实时上色工具，可以为当前填充和描边属性为实时上色组的表面和边缘上色。工具指针显示为一种或三种颜色方块，它们表示选定填充或描边颜色。如果使用色板库中的颜色，那么还表示库中所选颜色的两种相邻颜色。通过按向左或向右方向键，可以选中相邻的颜色以及这些颜色旁边的颜色。

1．实时上色工具

选择【实时上色工具】，选择所需的填充颜色或描边颜色和描边粗细。

要对表面进行上色，执行以下任一操作。

（1）单击需要填充的颜色表面以对其进行填充（当指针位于表面上时，它将变为半填充的油漆桶形状，并且突出显示填充内侧周围的线条），如图7-12所示。

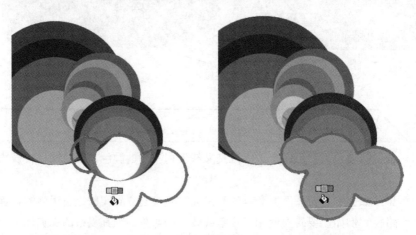

图7-12

（2）拖动鼠标跨过多个表面，以便一次为多个表面上色，如图7-13所示。

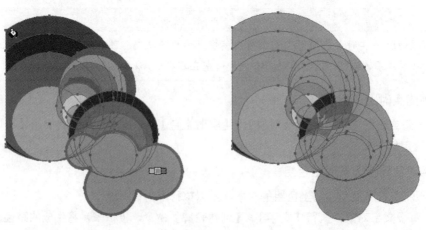

图7-13

（3）双击一个表面，以跨越未描边的边缘对邻近表面填色（连续填色）。

（4）三击表面以填充所有当前具有相同填充的表面。

切换到【吸管工具】，对填充或描边进行取样，按住【Alt】键（Windows）或【Option】键（Mac OS）并单击所需的填充或描边即可。

要对边缘进行上色，双击【实时上色工具】按钮并选择【描边上色】选项，或者按住【Shift】键以暂时切换到【描边上色】选项，然后执行以下任一操作。

- 单击一个边缘以为其描边（当指针位于某个边缘上时，它将变为画笔形状并突出显示该边缘），如图7-14所示。

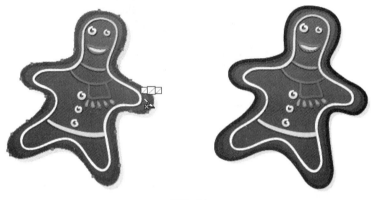

图7-14

- 拖动鼠标跨过多条边缘，可一次为多条边缘进行描边，如图7-15所示。

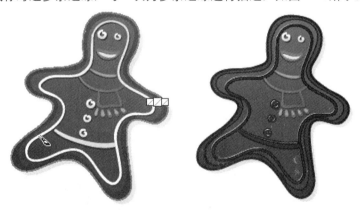

图7-15

- 双击一条边缘，可对所有与其相连的边缘进行描边（连续描边）。
- 三击一条边缘，可对所有边缘应用相同的描边。

通过按【Shift】键，可以快速在仅描边上色和仅填充上色之间进行切换。也可以在【实时上色工具选项】对话框中指定这些更改。如果当前同时选择了【填充上色】选项和【描边上色】选项，按【Shift】键时将仅切换到【填充上色】。

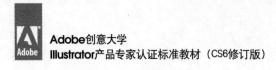

2．实时上色工具选项

双击工具箱中的【实时上色工具】可以弹出【实时上色工具选项】对话框，如图7-16所示。【实时上色工具】选项用于指定实时上色工具的工作方式，即选择只对填充进行上色、只对描边进行上色还是同时对两者进行上色，以及当工具移动到表面和边缘上时如何对其进行突出显示。

图7-16

【填充上色】：对实时上色组的各表面上色。

【描边上色】：对实时上色组的各边缘上色。

【光标色板预览】：从【色板】面板中选择颜色时显示。实时上色工具指针显示为3种颜色色板：选定填充或描边颜色以及【色板】面板中紧靠该颜色左侧和右侧的颜色。

【突出显示】：勾画出光标当前所在表面或边缘的轮廓。用粗线突出显示表面，细线突出显示边缘。

【颜色】：设置突出显示线的颜色。可以从菜单中选择颜色，也可以单击上色色板以指定自定颜色。

【宽度】：指定突出显示轮廓线的粗细。

3．实时上色选择工具

【实时上色选择工具】可以选定表面和边缘。首先，选择工具箱中的【实时上色选择工具】，若选择单个表面或边缘，则单击该表面或边缘，如图7-17所示；若选择多个表面和边缘，则在要选择的项周围拖动选框，部分选择的内容将被包括在内，如图7-18所示。

| 图7-17 | 图7-18 |

要选择具有相同填充或描边的表面或边缘，三击某个对象，或者单击一次，执行【选

择】>【相同】命令，然后选择子菜单中的【填充颜色】、【描边颜色】或【描边粗细】选项，效果如图7-19所示。

在当前选区中添加或删除项时，按住【Shift】键并单击这些项，或者按住【Shift】键并在这些项周围拖动选框，效果如图7-20所示。

图7-19　　　　　　　　　　　　　　　　　　　　图7-20

4．【实时上色选择工具】与【选择工具】、【直接选择工具】的区别

【实时上色选择工具】的作用范围是选择【实时上色】组中的表面和边缘，【选择工具】的作用范围是选择整个【实时上色】组，而【直接选择工具】的作用范围是【实时上色】组中的单独路径。用【选择工具】单击一次将选定整个【实时上色】组，用【直接选择工具】单击一次将选定组成【实时上色】组的单独路径。

可以根据在【实时上色】组中所需的选择和效果选用不同的选择工具。要将不同的渐变应用于【实时上色】组中的不同层面，可使用【实时上色选择工具】；要将相同的渐变应用于整个【实时上色】组，可使用【选择工具】。

7.2.3 / 修改实时上色组

修改实时上色组中的路径时，Illustrator 将使用现有组中的填充和描边对修改的或新的表面和边缘进行着色，如图7-21所示。如果不是所希望的效果，就可以使用【实时上色工具】重新应用所需的颜色。

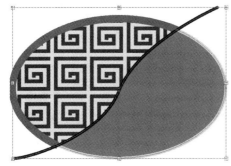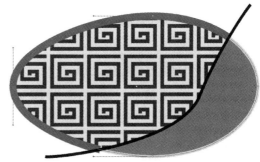

图7-21

在删除边缘时，将连续填充任何新扩展的表面。例如，删除一条将圆分割成两半的路径，则会使用该圆中以前所用的某种填充来填充整个圆，如图7-22所示。

图7—22

> **小知识**
>
> 可以将实时上色组中使用的填充和描边颜色存储在【色板】面板中。这样，如果在修改过程中丢失了要保留的颜色，就可以选择该颜色的色板，并使用【实时上色工具】重新应用填充或描边。

1．在实时上色组中添加路径

向【实时上色】组添加更多路径时，可以对创建的新表面和边缘进行填色和描边。

使用【选择工具】，双击实时上色组（或单击选项栏中的【隔离选定的组】按钮）以使其处于隔离模式。然后，绘制另一条路径，Illustrator 将在实时上色组中添加新路径，添加完新路径后，单击【退出隔离模式】按钮，如图7—23所示。也可以选中实时上色组和要添加到组中的路径，执行【对象】>【实时上色】>【合并】命令，或者单击选项栏中的【合并实时上色】按钮。还可以在【图层】面板中将一个或多个路径拖到实时上色组中。

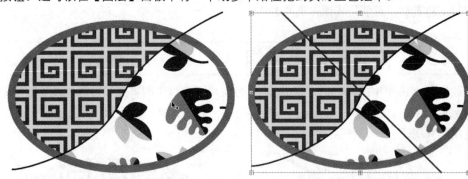

图7—23

2．调整单个对象或路径的大小

使用【直接选择工具】，单击路径或对象以将其选定，然后选择【选择工具】选项，再次单击路径或对象来调整单个对象或路径的大小。**也可以使用【选择工具】双击实时上色组，以使其处于隔离模式**，接下来单击路径或对象来调整单个对象或路径的大小。

7.2.4 释放或扩展实时上色组

通过释放实时上色组，可以将其变为一条或多条普通路径，即没有填充色且具有 0.5 磅宽的黑色描边。通过扩展实时上色组，可以将其变为与实时上色组视觉上相似、事实上却是由单独的填充和描边路径所组成的对象。可以使用【编组选择工具】来分别选择和修改这些路径。

使用【选择工具】选中实时上色组，执行【对象】>【实时上色】>【扩展】命令，即可扩展实时上色组，如图7-24所示。

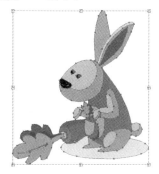

图7-24

执行【对象】>【实时上色】>【释放】命令，即可释放实时上色组，如图7-25所示。

图7-25

7.3　实时上色限制

填色和上色属性附属于实时上色组的表面和边缘，而不属于定义这些表面和边缘的实际路径，在其他 Illustrator 对象中也是这样。因此，某些功能和命令对实时上色组中的路径或者作用方式有所不同，或者是不适用。

（1）适用于整个实时上色组（而不是单个表面和边缘）的功能和命令：【透明度】、【效果】、【外观】面板中的多种填充和描边、【对象】>【封套扭曲】命令、【对象】>【隐藏】、【对象】>【栅格化】命令、【对象】>【切片】>【建立】命令、建立不透明蒙版（在【透明度】面板中）、画笔。

（2）不适用于实时上色组的功能：渐变网格、图表、【符号】面板中的符号、光晕、【描边】面板中的【对齐描边】选项、魔棒工具。

（3）不适用于实时上色组的对象命令：轮廓化描边、扩展（可以改用【对象】>【实时上色】>【扩展】命令）、【混合】、【切片】、【剪切蒙版】>【建立】命令、创建渐变网格。

（4）不适用于实时上色组的其他命令：【路径查找器】命令、【文件】>【置入】命令、【视图】>【参考线】>【建立】命令、【选择】>【相同】>【混合模式】/【填充和描边】/【不透明度】/【样式】/【符号实例或链接块系列】命令、【对象】>【文本绕排】>【建立】命令。

7.4 综合案例——制作咖啡店插画

在本案例中，对图像进行自动描摹，使图像看上去更加具有生活感和艺术感。根据描摹结果还可以对图像进行进一步的处理，通过钢笔工具、实时描摹和实时上色等工具制作一个插画。

知识要点提示

实时描摹的使用
实时上色工具的使用

操作步骤

01 执行【文件】>【打开】命令，在弹出的【打开】对话框中选择素材"咖啡"，如图7-26所示。可以看到文档出现在页面中，如图7-27所示。

图7-26　　　　　　　　　　　　　　图7-27

02 选择工具箱中的【选择工具】将图片选中，单击选项栏中【图像描摹】面板中预设按钮旁的三角按钮，在弹出的快捷菜单中选择"6色"，如图7-28所示。

图7-28

03 选择工具箱中的【钢笔工具】选项，绘制路径，如图7-29所示；选中路径，打开【颜色】面板，设置填充色为"C0、M70、Y30、K0"，如图7-30所示。

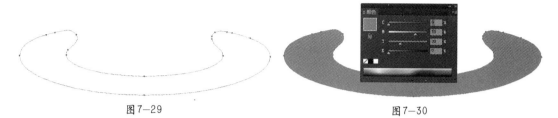

图7-29　　　　　　　　　　　　　　　图7-30

04 选择工具箱中的【钢笔工具】选项，绘制两条路径，并按需要放好位置，如图7-31所示；选中两条路径，打开【颜色】面板，设置填充色为"C0、M70、Y30、K0"，如图7-32所示。

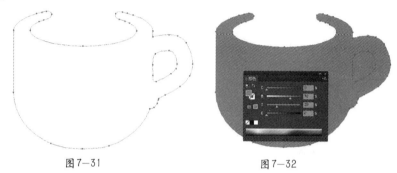

图7-31　　　　　　　　　　　　　　　图7-32

05 使用【选择工具】选中刚绘制的两条路径，如图7-33所示；执行【对象】>【复合路径】>【建立】命令，效果如图7-34所示。

图7-33　　　　　　　　　　　　　　　图7-34

06 选择工具箱中的【钢笔工具】选项，绘制两条路径，如图7-35所示；选中两条路径，打开【颜色】面板，设置填充色为"C0、M70、Y30、K0"，如图7-36所示。

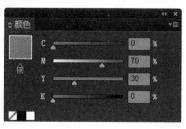

图7-35　　　　　　　　　　　　　　　图7-36

07 将绘制好的所有路径按需要放在合适位置，如图7-37所示；选中所有图形，执行【对象】>【实时上色】>【建立】命令，建立实时上色组，如图7-38所示。

图7-37   图7-38

08 选中实时上色组，选择【实时上色工具】选项，打开【渐变】面板，设置渐变色，将左侧第一个滑块【色值】设置为"C40、M45、Y75、K40"，右侧滑块【色值】设置为"C55、M60、Y100、K50"，如图7-39所示；将鼠标指针移动到需要上色的实时上色组上，填充颜色，如图7-40所示。

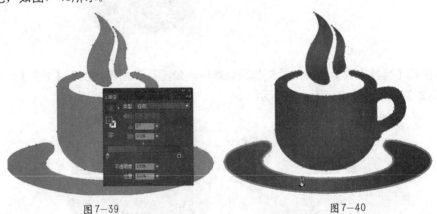

图7-39   图7-40

09 使用【选择工具】选中对象，如图7-41所示；将其调整到合适的大小，并放在合适的位置，如图7-42所示。

图7-41   图7-42

⑩ 在页面中输入需要的文字，如图7-43所示。最终效果完成，如图7-44所示。

图7-43

图7-44

7.5 本章小结

插画是现今一种很重要的视觉表达途径，一直深受人们的喜爱。Illustrator中的实时描摹和实时上色正是要完成这一效果，本章主要讲解了实时描摹和实时上色的方法，使画面更加丰富。

7.6 本章习题

1. 选择题

（1）在描摹过程中可以控制细节级别和填色描摹的方式，当对描摹结果满意时，可将描摹转换为（ ）或"实时上色"对象。

    A. 标量路径   B. 矢量路径   C. 位图路径

（2）路径将绘画平面分割成几个区域，可以对其中的任何区域进行着色，而不论该区域的边界是单条路径还是（ ）段。

    A. 多条路径   B. 两条路径   C. 三条路径

2. 操作题

（1）练习实时描摹的操作。

（2）练习实时上色的操作。

第8章

效果

Illustrator 包含各种各样的效果，可以对某个对象、组或图层应用这些效果，以更改其特征。

本章学习要点

- → 滤镜和效果
- → 矢量图形
- → 效果的介绍

8.1 滤镜和效果的关系

早期版本包含【效果】和【滤镜】两个菜单，但现在 Illustrator 只包括效果（除 SVG 滤镜以外）一个菜单，如图8-1所示。滤镜和效果之间的主要区别是：滤镜可永久修改对象或图层，而效果及其属性可随时被更改或删除。

图8-1

【效果】菜单上半部分的效果是矢量效果。在【外观】面板中，只能将这些效果应用于矢量对象，或者某个位图对象的填色或描边。对于这一规则，下列效果以及上半部分的效果类别例外，这些效果可以同时应用于矢量和位图对象：3D 效果、SVG 滤镜、变形效果、变换效果、投影、羽化、内发光以及外发光。

【效果】菜单下半部分的效果是栅格效果。可以将它们应用于矢量对象或位图对象。

8.2 栅格效果

栅格效果是用来生成像素（非矢量数据）的效果。栅格效果包括【SVG滤镜】、【效果】菜单下部区域的所有效果，以及【效果】>【风格化】子菜单中的【投影】、【内发光】、【外发光】和【羽化】命令。

如果要为矢量图添加一些位图的特殊效果，就要将矢量图形转换为位图。

使用【选择工具】选择一个矢量图，选择【效果】>【栅格化】命令，或者选择【对象】>【栅格化】命令，就可以将矢量图转化为位图，如图8-2所示。

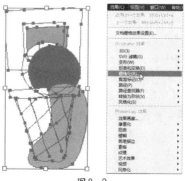

图8-2

执行【栅格化】命令后，显示【栅格化】对话框，如图8-3所示，可以为一个文档中的所有栅格效果设置以下选项。

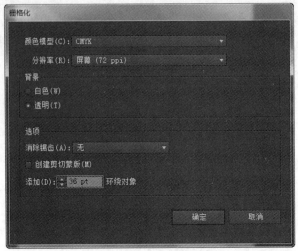

图8-3

【颜色模型】：用于确定在栅格化过程中所用的颜色模型。可以生成RGB或CMYK颜色的图像（取决于文档的颜色模式）、灰度图像或1位图像（黑白位图或黑色和透明色图像，取决于所选的背景选项）。

【分辨率】：用于确定栅格化图像中的每英寸像素数（ppi）。分辨率设置越高，图像颜色变化越细腻。一般情况下，如果图像最后要用于印刷，那么选择的分辨率要高一些。

【背景】：用于确定矢量图形的透明区域如何转换为像素。选中【白色】单选按钮可用白色像素填充透明区域，选中【透明】单选按钮可使背景透明。

【消除锯齿】：应用消除锯齿效果，以改善栅格化图像的锯齿边缘外观。栅格化矢量对象时，选择"无"，则不会应用消除锯齿效果，而线稿图在栅格化时也将保留其尖锐边缘。选择"优化图稿"，可应用最适合无文字图稿的消除锯齿效果。选择"优化文字"，可应用最适合文字的消除锯齿效果。选中【创建剪切蒙版】复选框，可创建一个使栅格化图像的背景显示为透明的蒙版。

【添加环绕对象】：围绕栅格化图像添加指定数量的像素。

> **小知识**
>
> 选择【对象】>【栅格化】命令，是将对象完全转换为位图；选择【效果】>【栅格化】命令，并没有改变对象的属性，只是将特效应用到对象的外观上，对象的实际架构还保留着矢量的属性。

Illustrator CS6 中的【分辨率】有独立效果（RIE）功能，可以执行下列操作。

当【文档栅格效果设置】（DRES）中的分辨率更改时，效果中的参数会解释为其他值，这样效果外观的更改最小或无任何更改。新修改的参数值将在【效果】对话框中反映出来。对于有多个参数的效果，Illustrator 仅重新解释这些与文档栅格效果分辨率设置相关的参数。

在"半色调图案"对话框中存在不同参数。但是，仅大小值会在【文档栅格效果设置】更改时发生变化。如图8-4所示是【分辨率】分别为300ppi和72ppi的效果。

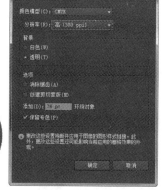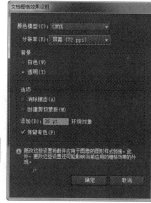

图8-4

小知识

如果一种效果在屏幕上看起来很不错，但是打印出来丢失了一些细节或者出现锯齿状边缘，就需要提高文档栅格效果分辨率。

8.3 效果选项

效果是实时的，即向对象应用一个效果命令后，【外观】面板中便会列出该效果，可以继续使用【外观】面板随时修改效果选项或删除该效果，并且还可以对该效果进行编辑、移动、复制、删除，或将其存储为图形样式的一部分。

8.3.1 3D

3D效果可以从二维（2D）图稿创建三维（3D）对象。可以通过高光、阴影、旋转及其他属性来控制3D对象的外观，还可以将图稿贴到3D对象中的每一个表面上。有两种创建3D对象的方法：通过凸出或通过绕转。另外，还可以在三维空间中旋转2D或3D对象。要应用或修改现有3D对象的3D效果，可以选择该对象，然后在【外观】面板中双击该效果。

1．通过凸出创建3D对象

选择【文字工具】，在页面中输入数字"10"，并设置【大小】为"72pt"、【颜色】为"C0，M0，Y0，K40"，如图8-5所示。

图8-5

首先使用【选择工具】选中文字，执行【效果】>【3D】>【凸出和斜角】命令，弹出【3D凸出和斜角选项】对话框，单击对话框中的【更多选项】按钮，可以查看完整的选项列表。选中【预览】复选框，可以在文档窗口中预览效果，如图8-6所示。

图8-6

【位置】：设置对象如何旋转以及观看对象的透视角度。

【凸出与斜角】：确定对象的深度以及向对象添加或从对象剪切的任何斜角的延伸。

创建各种形式的表面，从暗淡、不加底纹的不光滑表面到平滑、光亮，看起来类似塑料的表面。

【光照】：添加一个或多个光源，调整光源强度、改变对象的底纹颜色，以及围绕对象移动光源以实现生动的效果。

【贴图】：将图稿贴到 3D 对象表面上。

将鼠标放置在【位置】选项的预览视图位置，按住鼠标左键不放进行拖曳，可使正方形进行360°的旋转，如图8-7所示。

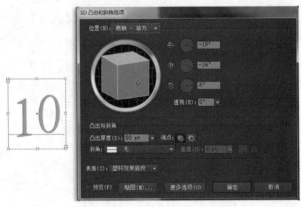

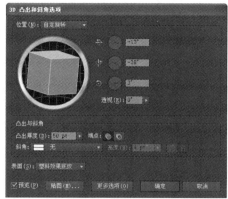

图8-7

　　对于随便的旋转，可以拖动模拟立方体的表面。对象的前表面用立方体的蓝色表面表现，对象的上表面和下表面为浅灰色，两侧为中灰色，后表面为深灰色。

　　如果要限制其对象沿一条全局轴旋转，按住【Shift】键，同时水平拖动（围绕全局 Y 轴）或垂直拖动（围绕全局 X 轴旋转）。若要使对象围绕全局 Z 轴旋转，则拖动围住模拟立方体的蓝色彩带。

　　限制对象围绕一条轴旋转时，可以拖动模拟立方体的一个边缘，鼠标指针将变为双向箭头，并且立方体边缘将改变颜色以标识对象旋转时所围绕的轴。红色边缘表示对象的 X 轴，绿色边缘表示对象的 Y 轴，蓝色边缘表示对象的 Z 轴。

　　调整透视角度时，在【透视】文本框中输入一个介于 0 到 160 的值。较小的镜头角度类似长焦照相机镜头；较大的镜头角度类似广角照相机镜头。

　　在【凸出厚度】数值框中输入"70pt"，在【表面】下拉列表框中选择【塑料效果底纹】，设置【光源强度】为"100%"、【环境光】为"40%"、【高光强度】为"60%"、【高光大小】为"80%"、【混合步骤】为"30"，将鼠标放置在【光源】视图中，并移动光源至右上角，如图8-8所示。

　　单击【确定】按钮，则完成凸出和斜角效果的操作，如图8-9所示。

图8-8

图8-9

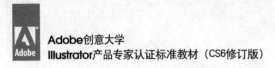

　　【端点】：指定显示的对象是实心（打开端点　）或空心（关闭端点　）对象。单击　按钮，为对象建立实心外观，如图8-10所示。单击　按钮，为对象建立空心外观，如图8-11所示。

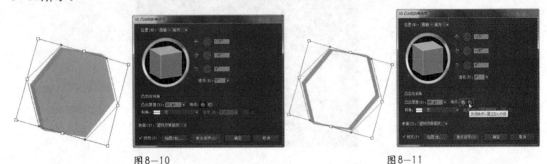

图8-10　　　　　　　　　　　　　　　　　　　图8-11

　　【斜角】：沿对象的深度轴（Z 轴）应用所选类型的斜角边缘。图8-12为应用不同的斜角生成的3D效果。

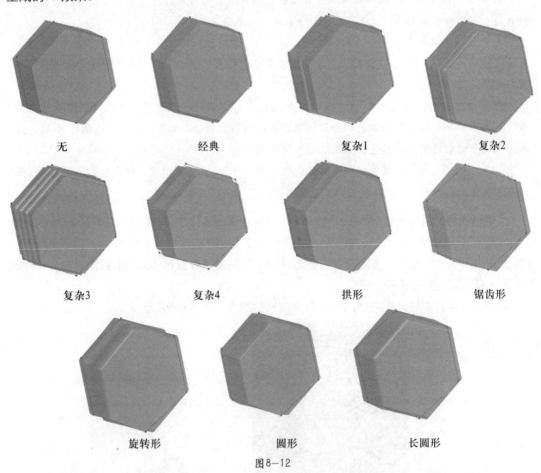

图8-12

　　【高度】：设置介于"1"到"100"之间的高度值。如果对象的斜角高度太大，就可能导致对象自身相交，产生意料之外的结果。设置高度后，单击【斜角外扩】　按钮，将斜角添加至对象的原始形状；单击【斜角内缩】　按钮，从对象的原始形状砍去斜角。

【表面】：提供选择表面底纹选项。

【线框】：**绘制对象几何形状的轮廓，并使每个表面透明**，如图8-13所示。

【无底纹】：不向对象添加任何新的表面属性。3D 对象具有与原始 2D 对象相同的颜色，如图8-14所示。

【扩散底纹】：使对象以一种柔和、扩散的方式反射光，如图8-15所示。

【塑料效果底纹】：使对象以一种闪烁、光亮的材质模式反射光，如图8-16所示。

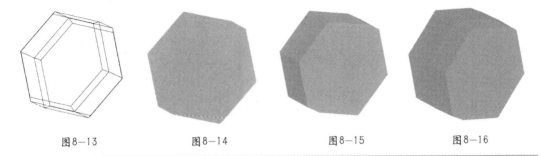

| 图8-13 | 图8-14 | 图8-15 | 图8-16 |

> **小知识**
>
> 可用的光照选项取决于所选择的选项。如果对象只使用 3D 旋转效果，那么可用的【表面】选项只有【扩散底纹】或【无底纹】。

【光源强度】：可在"0"到"100%"之间控制光源强度。

【环境光】：控制全局光照，统一改变所有对象的表面亮度。可输入一个介于"0"到"100%"之间的值。

【高光强度】：用来控制对象反射光的多少，取值范围在"0"到"100%"之间。较低值产生暗淡的表面，较高值则产生较为光亮的表面。

【高光大小】：用来控制高光的大小，取值范围由大（"100%"）到小（"0"）。

【混合步骤】：用来控制对象表面所表现出来的底纹的平滑程度，可输入一个介于"1"到"256"之间的值。步骤数越高，所产生的底纹越平滑，路径也越多。

【底纹颜色】：控制对象的底纹颜色，取决于所选择的命令。"无"不为底纹添加任何颜色。"自定"允许选择一种自定颜色，如果选择了此选项，就单击"底纹颜色"框，在"颜色拾取器"中选择一种颜色。专色变为印刷色。"黑色叠印"是默认选项，如果当前正在使用专色流程，就可使用此选项来避免印刷色。**用在对象填充颜色的上方叠印黑色底纹的方法为对象加底纹。**

【保留专色】：可以保留对象中的专色。如果在【底纹颜色】选项中选择了"自定"，就无法保留专色。

【绘制隐藏表面】：可以显示对象的隐藏背面。如果对象透明，或者展开对象并将其拉开时，便能看到对象的背面。

2．通过绕转创建 3D 对象

围绕全局 Y 轴（绕转轴）绕转一条路径或剖面，使其做圆周运动，通过这种方法来创建 3D 对象。由于绕转轴是垂直固定的，因此用于绕转的开放或闭合路径应为所需 3D 对象面向正前方时垂直剖面的一半，可以在效果的对话框中旋转 3D 对象。

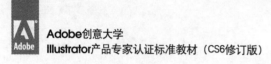

使用【钢笔工具】绘制一条路径，作为绕转对象，如图8-17所示。

打开"素材\第8章\花.ai"，选中对象，复制粘贴到文档中，并将其拖曳到【符号】面板中，则完成创建一个新符号的操作，如图8-18所示。

图8-17

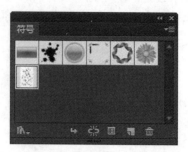

图8-18

首先使用【选择工具】选中路径，执行【效果】>【3D】>【绕转】命令，弹出【3D绕转选项】对话框，如图8-19所示。

选中【预览】复选框，可以在窗口中预览效果，如图8-20所示。

图8-19

图8-20

【角度】：设置"0°"到"360°"之间的路径绕转度数。默认情况下为"360°"，此时可以生成完整的立体对象，如图8-21所示。如果小于"360°"，就会出现断面，如图8-22所示。

【端点】：指定显示的对象是实心还是空心的。

【偏移】：在绕转轴与路径之间添加距离时可以输入一个介于"0"到"1000"之间的值。值越大，生成的对象偏离绕转轴的距离就越大。图8-21所示为"0pt"的效果，图8-23所示为"40pt"的效果。

【自】：设置对象绕之转动的轴，可以是"左边"，也可以是"右边"。图8-21所示为从"左边"绕转的效果，图8-24所示为从"右边"绕转的效果。

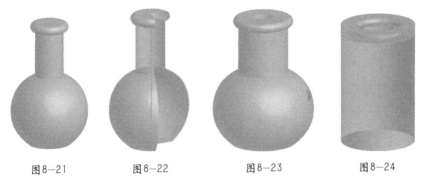

图8-21   图8-22   图8-23   图8-24

单击【贴图】按钮，弹出【贴图】对话框，将标签贴到酒瓶的表面。

在Illustrator中无法完成一个模型表面完整的贴图，Illustrator会将一个模型分成几个表面来贴，选择不同的表面，模型上会有相应的选择。可单击【表面】箭头按钮，或在文本框中输入一个表面编号，如图8-25所示。

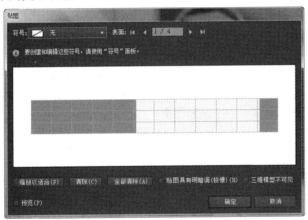
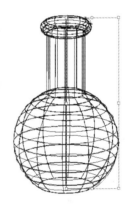

图8-25

在【符号】下拉列表框中选择刚存进去的符号，即可被贴入到指定的部分中，将指针放置在贴图预览视图中的9个角点位置，可调整贴图的大小，如图8-26所示。

单击【确定】按钮，则完成3D 绕转的效果，如图8-27所示。

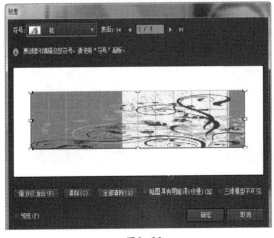

图8-26   图8-27

向 3D 对象贴图时，请考虑以下注意事项。

由于【贴图】功能是用符号来执行贴图操作，因此可以编辑一个符号实例，然后自动更新所有贴有此符号的表面。

可以在【贴图】对话框中与符号互动，使用常规的定界框控件移动、缩放或旋转对象。

3D 效果将每个贴图表面记忆为一个编号。编辑 3D 对象或对一个新对象应用相同的效果时，编辑或应用效果后的对象所具有的表面数可能比原始对象多或少。如果编辑或应用效果后的对象所具有的表面数比原始贴图操作所定义的表面数少，就会忽略额外的图稿。

由于符号的位置是相对于对象表面的中心的，因此如果表面的几何形状发生变化，那么符号也会相对于对象的新中心重新用于贴图。

可以将图稿贴到采用了【凸出与斜角】和【绕转】效果的对象，但是不能将图稿贴到只应用了【旋转】效果的对象。

8.3.2 SVG 滤镜

使用【SVG滤镜】可以添加图形属性，如添加投影到图稿。因为SVG效果基于 XML并且不依赖于分辨率，所以它与位图效果有所不同。事实上，SVG效果就是一系列描述各种数学运算的XML属性，生成的效果会应用于目标对象，而不是源图形。

Illustrator提供了一组默认的SVG效果。可以用这些效果的默认属性，还可以编辑XML代码以生成自定效果，或者导入新的SVG效果。

使用【SVG滤镜】时，首先选择一个对象或组（或在【图层】面板中指定一个图层），然后执行下列操作。

（1）要应用默认设置的效果，执行【效果】>【SVG 滤镜】，从子菜单底部选择效果。

（2）要应用自定设置的效果，执行【效果】>【SVG 滤镜】>【应用 SVG 滤镜】，在弹出的【应用 SVG 滤镜】对话框中，选择需要的效果，然后单击【编辑 SVG 滤镜】按钮，编辑默认代码，然后单击"确定"按钮，如图8-28所示。

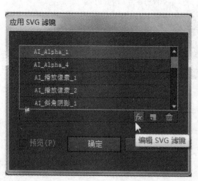

图8-28

（3）要创建并应用新效果，执行【效果】>【SVG 滤镜】>【应用 SVG 滤镜】，在弹出的【应用 SVG 滤镜】对话框中，单击【新建 SVG 滤镜】按钮，输入新代码，然后单击【确定】按钮。

如果对象使用多个效果，那么SVG效果必须是最后一个效果。换言之，它必须显示在【外观】面板底部（在"透明度"项正上方）。如果 SVG 效果后面还有其他效果，那么SVG 输出将由栅格对象组成。

8.3.3 变形

【变形】效果组中共有15种效果，使图像扭曲或变形，包括路径、文本、网格、混合以及位图图像。选择一种预定义的变形形状，在弹出的【变形选项】对话框中设置相关的选项，如图8-29所示为应用这些效果所生成的对象。

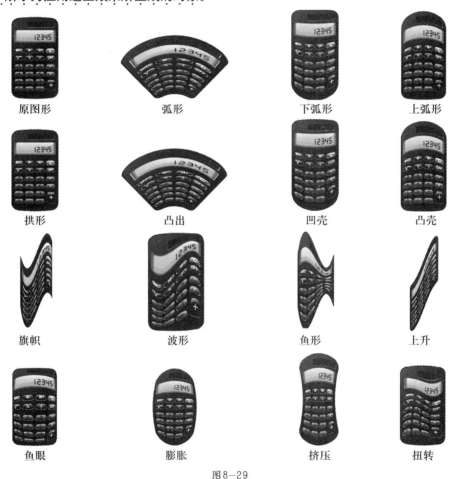

原图形	弧形	下弧形	上弧形
拱形	凸出	凹壳	凸壳
旗帜	波形	鱼形	上升
鱼眼	膨胀	挤压	扭转

图8-29

8.3.4 扭曲和变换

【扭曲和变换】效果组可以快速改变矢量对象形状，该组中包括【变换】、【扭拧】、【扭转】、【收缩和膨胀】、【波纹效果】、【粗糙化】和【自由扭曲】效果。其中，【自由扭曲】命令是通过控制点来改变对象形状的，图8-30所示为应用【自由扭曲】效果生成的对象。

图8—30

8.3.5 / 裁剪标记

裁剪标记指示了所需的打印纸张剪切位置。需要围绕页面上的几个对象创建标记时（例如，打印一张名片），裁剪标记是非常有用的。在对齐已导出到其他应用程序的 Illustrator 图稿方面，它们也非常有用。

首先使用【选择工具】选中对象，如图8—31所示。

然后执行【效果】>【裁剪标记】命令，如图8—32所示。

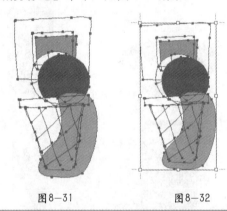

图8—31   图8—32

小知识

裁剪标记和画板的区别如下。

（1）画板指定图稿的可打印边界；而裁剪标记根本不会影响打印区域。

（2）每次只能激活一个画板，但可以创建并显示多个裁剪标记。

（3）画板有可见但不能打印的标记指示；裁剪标记则用套版黑色打印出来。

另外，裁剪标记不会取代使用【打印】对话框中的【标记和出血】选项创建的裁切标记。

若要删除可编辑的【裁切标记】，则选择该裁切标记，然后按 Delete 键。或者，打开【外观】面板，选中【裁剪标记】，单击面板下方的【删除所选项目】按钮。

8.3.6 / 路径

【路径】中包括【位移路径】、【轮廓化对象】和【轮廓化描边】命令。使用【位移路径】效果，可以设置相对于对象的原始路径偏移对象路径；【轮廓化对象】可以将对象创建为轮廓；【轮廓化描边】可以将对象的描边创建为轮廓。还可以使用【外观】面板将这些命令应用于添加到位图对象上的填充或描边。

8.3.7 路径查找器

【路径查找器】能够从重叠对象中创建新的形状，其中包括13种效果。

首先选中所有对象，执行【对象】>【编组】命令，将对象编组，选中编组的对象。

执行【效果】>【路径查找器】命令，选择效果，图8-33为各种效果的应用和说明。

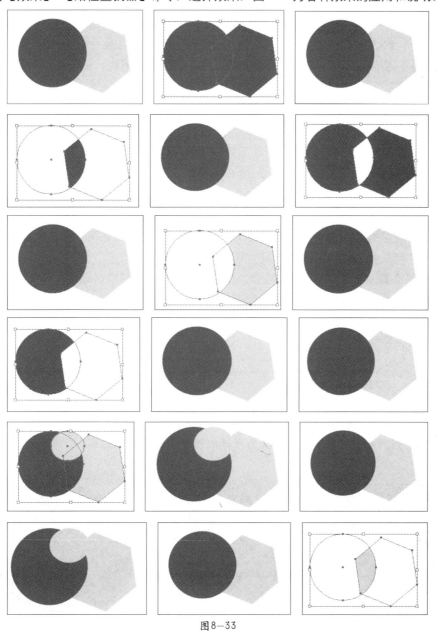

图8-33

【相加】：描摹所有对象的轮廓，就像它们是单独的、已合并的对象一样。此选项产生的

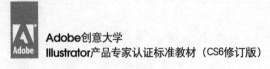
结果形状会采用顶层对象的上色属性。

【交集】：描摹被所有对象重叠的区域轮廓。

【差集】：描摹对象所有未被重叠的区域，并使重叠区域透明。若有偶数个对象重叠，则重叠处会变成透明。有奇数个对象重叠时，重叠的地方则会填充颜色。

【相减】：从最后面的对象中减去最前面的对象。应用此命令，可以通过调整叠放的顺序来删除插图中的某些区域。

【减去后方对象】：从最前面的对象中减去后面的对象。应用此命令，可以通过调整叠放的顺序来删除插图中的某些区域。

【分割】：将一份图稿分割为作为其构成成分的填充表面（表面是未被线段分割的区域）。

【修边】：删除已填充对象被隐藏的部分。它会删除所有描边，且不会合并相同颜色的对象。

【合并】：删除已填充对象被隐藏的部分。它会删除所有描边，会合并具有相同颜色的相邻或重叠的对象。

【裁剪】：将图稿分割为作为其构成成分的填充表面，然后删除图稿中所有落在最上方对象边界之外的部分。这还会删除所有描边。

【轮廓】：将对象分割为其组件线段或边缘。在准备需要对叠印对象进行陷印的图稿时，此命令非常有用。

【实色混合】：通过选择每个颜色组件的最高值来组合颜色。例如，颜色"1"为"20%"青色、"66%"洋红色、"40%"黄色和"0"黑色，而颜色"2"为"40%"青色、"20%"洋红色、"30%"黄色和"10%"黑色，则产生的实色混合色为"40%"青色、"66%"洋红色、"40%"黄色和"10%"黑色。

【透明混合】：使底层颜色透过重叠的图稿可见，然后将图像划分为其构成部分的表面。你可以指定在重叠颜色中的可视性百分比。

【陷印】：通过在两个相邻颜色之间创建一个小重叠区域（称为陷印）来补偿图稿中各颜色之间的潜在间隙。

8.3.8 转换为形状

将矢量对象的形状转换为矩形、圆角矩形或椭圆，可以使用绝对尺寸或相对尺寸设置形状的尺寸。对于圆角矩形，要指定一个圆角半径以确定圆角边缘的曲率。如图8-34所示为一个图形的转换。

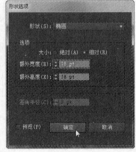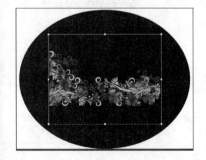

图8-34

8.3.9 / 风格化（上半部分）

【风格化】效果组可以为图形创建一些特殊效果，该效果组包括【内发光】、【圆角】、【外发光】、【投影】等。

1. 内发光/外发光

【内发光】/【外发光】命令可以使对象产生内向或外向的发光。选中对象，然后执行【效果】>【风格化】>【内发光/外发光】命令，设置其选项。图8-35所示为原图，图8-36所示为内发光效果，图8-37所示为外发光效果。

图8-35　　　　　　　　　图8-36　　　　　　　　　图8-37

【模式】：指定发光的混合模式。

【不透明度】：指定所需发光的不透明度百分比。

【模糊】：指定要进行模糊处理之处到选区中心或选区边缘的距离。

【中心】：（仅适用于内发光）从选区中心向外发散的发光效果。

【边缘】：（仅适用于内发光）从选区内部边缘向外发散的发光效果。

> **小知识**
>
> 当对使用内发光效果的对象进行扩展时，内发光本身会呈现为一个不透明蒙版。若对使用外发光的对象进行扩展，则外发光会变成一个透明的栅格对象。

2. 圆角

【圆角】效果会将矢量对象的角控制点转换为平滑曲线，如图8-38所示。

图8-38

3. 投影

【投影】命令可以为对象添加投影，创建立体效果。图8-39所示为原图，图8-40所示为参数设置，图8-41所示为设置好的投影效果。

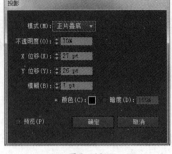

图8-39   图8-40   图8-41

【模式】：指定投影的混合模式。

【不透明度】：指定所需的投影不透明度百分比。

【X位移】/【Y位移】：指定希望投影偏离对象的距离。

【模糊】：指定要进行模糊处理之处距离阴影边缘的距离。Illustrator 会创建一个透明栅格对象来模拟模糊效果。

【颜色】：指定阴影的颜色。

【暗度】：指定希望为投影添加的黑色深度百分比。在CMYK文档中，如果将此值定为100%，并与包含除黑色以外的其他填色或描边的所选对象一起使用，就会生成一种混合色黑影。如果将此值定为"100%"，并与仅包含黑色填色或描边颜色的所选对象一起使用，就会创建一种"100%"的纯黑阴影。如果将此值定为"0"，就会创建一种与所选对象颜色相同的投影。

4．涂抹

【涂抹】命令可以为图形创建【涂鸦】等效果，首先要选中对象，然后执行【效果】>【风格化】>【涂抹】命令。若要使用预设的涂抹效果，则可以从【设置】菜单中选择一种；若要创建一个自定涂抹效果，则从任意一种预设开始，并在此基础上调整【涂抹】选项。图8-42所示为原图，图8-43所示为参数设置，图8-44所示为涂抹结果。

图8-42   图8-43   图8-44

【角度】：用于控制涂抹线条的方向。可以单击角度图标中的任意点，围绕角度图标拖移角度线，或在文本框中输入一个介于"-179"到"180"之间的值。（如果输入一个超出此范围的值，那么该值将被转换为与其相当且处于此范围内的值。）

【路径重叠】：用于控制涂抹线条在路径边界内部距路径边界的量或在路径边界外距路径边界的量。负值将涂抹线条控制在路径边界内部，正值则将涂抹线条延伸至路径边界外部。

【变化】：用于控制涂抹线条彼此之间的相对长度差异。

【描边宽度】：用于控制涂抹线条的宽度。

【曲度】：用于控制涂抹曲线在改变方向之前的曲度。

【变化】：用于控制涂抹曲线彼此之间的相对曲度差异大小。

【间距】：用于控制涂抹线条之间的折叠间距量。

【变化】：用于控制涂抹线条之间的折叠间距差异量。

5. 羽化

【羽化】命令可以柔化对象的边缘，产生从内部到边缘逐渐透明的效果。图8-45所示为原图，图8-46所示为设置参数，图8-47所示为羽化效果。

图8-45　　　　　　　　　　图8-46　　　　　　　　　　图8-47

8.3.10 / 像素化

【像素化】效果是基于栅格效果的，无论什么时候对矢量对象应用这些效果，都将使用文档的栅格效果设置。

1. 彩色半调

【彩色半调】就是模拟在图像的每个通道上使用放大的半色调网屏的效果。对于每个通道，效果都会将图像划分为多个矩形，然后用圆形替换每个矩形。圆形的大小与矩形的亮度成比例。

> **小知识**
>
> 使用该效果，要为半调网点的最大半径输入一个以像素为单位的值（介于"4"到"127"之间），再为一个或多个通道输入一个网屏角度值（网点与实际水平线的夹角）。对于灰度图像，只使用通道1。对于RGB图像，使用通道1、2和3，分别对应于红色通道、绿色通道与蓝色通道。对于CMYK图像，使用全部4个通道，分别对应于青色通道、洋红色通道、黄色通道以及黑色通道。

首先使用【选择工具】选中已嵌入文档的图像，如图8-48所示。

然后执行【效果】>【像素化】>【彩色半调】命令，弹出【彩色半调】对话框，在【最大半径】数值框中输入"10"，如图8-49所示。

在【彩色半调】滤镜对话框中可以设置图像像素化的像素点半径，也可设置通道的网线角度。晶格化滤镜可将颜色集结成块，形成多边形。

单击【确定】按钮，完成将图像进行彩色半调的滤镜操作，效果如图8-50所示。

图8-48　　　　　　　　　　图8-49　　　　　　　　　　图8-50

小知识

如果命令显示为灰色，就可以将文档设置为RGB颜色模式，或者将图像嵌入，而非链接图像。

2．晶格化

【晶格化】就是将颜色集结成块，形成多边形。

首先使用【选择工具】选中已嵌入文档的图像，如图8-51所示。

执行【效果】>【像素化】>【晶格化】命令，弹出【晶格化】对话框，在【单元格大小】数值框中输入"29"，如图8-52所示。

单击【确定】按钮，完成将图像进行晶格化的滤镜操作，效果如图8-53所示。

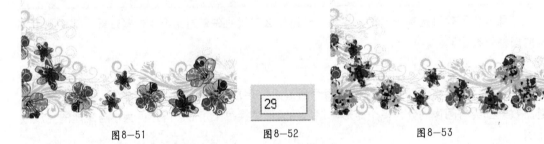

图8-51　　　　　　　　　　图8-52　　　　　　　　　　图8-53

3．点状化

【点状化】是将图像中的颜色分解为随机分布的网点，如同点状化绘画一样，并使用背景色作为网点之间的画布区域。

首先使用【选择工具】选中已嵌入文档的图像，如图8-54所示。

执行【效果】>【像素化】>【点状化】命令，弹出【点状化】对话框，在【单元格大小】数值框中输入"30"，如图8-55所示。

单击【确定】按钮，完成将图像进行点状化的滤镜操作，效果如图8-56所示。

图8-54　　　　　　　　　　图8-55　　　　　　　　　图8-56

4. 铜版雕刻

【铜版雕刻】是将图像转换为黑白区域的随机网点图或彩色图像中完全饱和颜色的随机网点图。若要使用此效果，请从【铜版雕刻】对话框的【类型】弹出式菜单中选择一种网点图案。

首先使用【选择工具】选中已嵌入文档的图像，如图8-57所示。

执行【效果】>【像素化】>【铜版雕刻】命令，弹出【铜版雕刻】对话框，在【类型】下拉列表框中选择"精细点"，如图8-58所示。

单击【确定】按钮，完成将图像进行铜版雕刻的滤镜操作，效果如图8-59所示。

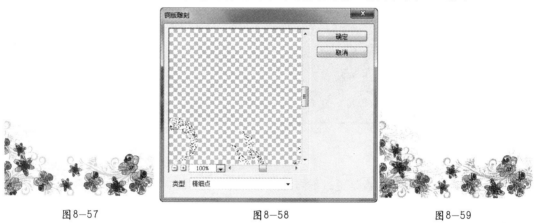

图8-57　　　　　　　　　　图8-58　　　　　　　　　图8-59

8.3.11 / 扭曲

【扭曲】命令可能会占用大量内存。这些效果是基于栅格效果的，无论何时对矢量对象应用这些效果，都将使用文档的栅格效果设置。

1. 扩散亮光

【扩散亮光】是将图像渲染成像是透过一个柔和的扩散滤镜来观看的效果。

首先使用【选择工具】选中已嵌入文档的图像，且图像色彩模式为RGB，如图8-60所示。

执行【效果】>【扭曲】>【扩散亮光】命令，弹出【扩散亮光】对话框，设置【粒度】为"9"、【发光量】为"12"、【清除数量】为"15"，如图8-61所示。

单击【确定】按钮，完成将图像进行扩散亮光的滤镜操作，如图8-62所示。

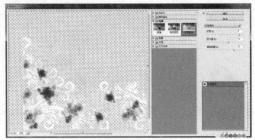

图8-60　　　　　　　　　图8-61　　　　　　　　　图8-62

2．海洋波纹

【海洋波纹】是将随机分隔的波纹添加到图稿，使图稿看上去像在水中。

首先使用【选择工具】选中已嵌入文档的图像，且图像色彩模式为RGB，如图8-63所示。

执行【效果】>【扭曲】>【海洋波纹】命令，弹出【海洋波纹】对话框，分别在【波纹大小】和【波纹幅度】数值框中输入"12"，如图8-64所示。

单击【确定】按钮，完成将图像进行海洋波纹的滤镜操作，如图8-65所示。

图8-63　　　　　　　　　图8-64　　　　　　　　　图8-65

3．玻璃

【玻璃】是使图像显得像是透过不同类型的玻璃来观看的。可以选择一种预设的玻璃效果，也可以使用 Photoshop 文件创建自己的玻璃面。还可以调整缩放、扭曲和平滑度设置，以及纹理选项。

首先使用【选择工具】选中已嵌入文档的图像，且图像色彩模式为RGB，如图8-66所示。

执行【效果】>【扭曲】>【玻璃】命令，弹出【玻璃】对话框，设置【扭曲度】为"10"、【平滑度】为"8"，在【纹理】下拉列表框中选择"画布"，最后在【缩放】数值框中输入"148"，如图8-67所示。

单击【确定】按钮，完成将图像进行玻璃的滤镜操作，如图8-68所示。

图8-66　　　　　　　　　图8-67　　　　　　　　　图8-68

8.3.12 模糊

【模糊】命令可在图像中对指定线条和阴影区域的轮廓边线旁的像素进行平衡，从而润色图像，使过渡显得更柔和。

1. 径向模糊

【径向模糊】模拟对相机进行缩放或旋转而产生的柔和模糊。

首先使用【选择工具】选中已嵌入文档的图像，如图8-69所示。

执行【效果】>【模糊】>【径向模糊】命令，弹出【径向模糊】对话框，选中【旋转】单选按钮，可沿同心圆环线模糊，效果如图8-70所示。选中【缩放】单选按钮，图像进行放大或缩小，并可指定缩放值，效果如图8-71所示。在对话框中还可通过拖曳【中心模糊】框中的图案，指定模糊的原点。

图8-69

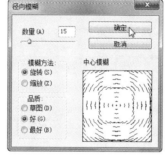

图8-70

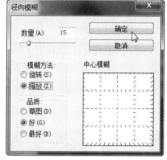
图8-71

小知识

模糊品质包括【草图】、【好】和【最好】，【草图】的速度最快，但结果往往会颗粒化，选中【好】和【最好】单选按钮都可以产生较为平滑的效果。如果不是选择一个较大范围的选区，那么后两者之间的效果差别并不明显。

2. 特殊模糊

【特殊模糊】可以精确地模糊图像，可以指定半径、阈值和模糊品质。半径值确定在其中搜索不同像素的区域大小。阈值确定像素具有多大差异后才会受到影响。也可以为整个选区设置模式（正常），或为颜色转变的边缘设置模式（"仅限边缘"和"叠加"）。在对比度显著

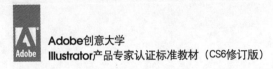
的地方，"仅限边缘"应用黑白混合的边缘，而"叠加边缘"应用白色的边缘。

首先使用【选择工具】选中已嵌入文档的图像，如图8-72所示。

执行【效果】>【模糊】>【特殊模糊】命令，弹出【特殊模糊】对话框。在对话框中可以设置模糊的半径及阈值，如图8-73所示。

单击【确定】按钮，可以看到设置特殊模糊的效果，如图8-74所示。

图8-72　　　　　　　　　　图8-73　　　　　　　　　　图8-74

3．高斯模糊

【高斯模糊】是以可调的量快速模糊选区。此效果将移去高频出现的细节，并产生一种朦胧的效果。

首先使用【选择工具】选中已嵌入文档的图像，如图8-75所示。

执行【效果】>【模糊】>【高斯模糊】命令，弹出【高斯模糊】对话框，在对话框中可设置高斯模糊的半径，如图8-76所示。

单击【确定】按钮，完成高斯模糊的操作，如图8-77所示。

图8-75　　　　　　　　　　图8-76　　　　　　　　　　图8-77

8.3.13　画笔描边

使用不同的画笔和油墨描边效果创建绘画效果或美术效果。

1．喷溅

【喷溅】滤镜可模拟喷溅喷枪的效果。

首先使用【选择工具】选中已嵌入文档的图像，且图像颜色模式为RGB，如图8-78所示。

执行【效果】>【画笔描边】>【喷溅】命令，弹出【喷溅】对话框。在【喷溅】对话框中设置【喷溅半径】为"20"、【平滑度】为"5"，如图8-79所示。设计者也可在对话框中选择其他滤镜，并在左侧可以看到图像经过滤镜命令后的预览视图。

单击【确定】按钮，完成喷溅的操作，效果如图8-80所示。

图8-78　　　　　　　　　图8-79　　　　　　　　　图8-80

2．喷色描边

【喷色描边】是使用图像的主导色，用成角的、喷溅的颜色线条重新绘画图像。

首先使用【选择工具】选中已嵌入文档的图像，且图像颜色模式为RGB，如图8-81所示。

执行【效果】>【画笔描边】>【喷色描边】命令，弹出【喷色描边】对话框，在【喷色描边】对话框中设置【描边长度】为"12"、【喷色半径】为"16"、【描边方向】为"右对角线"，如图8-82所示，在左侧可以看到图像经过滤镜命令后的预览视图。

单击【确定】按钮，完成喷色描边的操作，效果如图8-83所示。

图8-81　　　　　　　　　图8-82　　　　　　　　　图8-83

3．墨水轮廓

【墨水轮廓】以钢笔画的风格，用纤细的线条在原细节上重绘图像。

首先使用【选择工具】选中已嵌入文档的图像，且图像颜色模式为RGB，如图8-84所示。

执行【效果】>【画笔描边】>【墨水轮廓】命令，弹出【墨水轮廓】对话框，在【墨水轮廓】对话框中设置【描边长度】为"4"、【深色强度】为"20"、【光照强度】为"10"，如图8-85所示，在左侧可以看到图像经过滤镜命令后的预览视图。

单击【确定】按钮，完成墨水轮廓的操作，效果如图8-86所示。

图8-84	图8-85	图8-86

4．强化的边缘

【强化的边缘】可在设置高的边缘亮度控制值时，强化效果类似白色粉笔；设置低的边缘亮度控制值时，强化效果类似黑色油墨。

首先使用【选择工具】选中已嵌入文档的图像，且图像颜色模式为RGB，如图8-87所示。

执行【效果】>【画笔描边】>【强化的边缘】命令，弹出【强化的边缘】对话框，在【强化的边缘】对话框中设置【边缘宽度】为"2"、【边缘亮度】为"35"、【平滑度】为"4"，如图8-88所示，在左侧可以看到图像经过滤镜命令后的预览视图。

单击【确定】按钮，完成强化边缘的操作，效果如图8-89所示。

图8-87	图8-88	图8-89

5．成角的线条

【成角的线条】使用对角描边重新绘制图像。用一个方向的线条绘制图像的亮区，用相反方向的线条绘制暗区。

首先使用【选择工具】选中已嵌入文档的图像，且图像颜色模式为RGB，如图8-90所示。

图8-90

执行【滤镜】>【画笔描边】>【成角的线条】命令，弹出【成角的线条】对话框。在【成角的线条】对话框中设置【方向平衡】为"20"、【描边长度】为"36"、【锐化程度】为"4"，如图8-91所示，在左侧可以看到图像经过滤镜命令后的预览视图。

单击【确定】按钮，完成成角线条的操作，效果如图8-92所示。

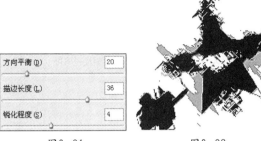

图8-91　　　　　　　　　　　图8-92

6. 深色线条

【深色线条】用短线条绘制图像中接近黑色的暗区，用长的白色线条绘制图像中的亮区。

首先使用【选择工具】选中已嵌入文档的图像，且图像颜色模式为RGB，如图8-93所示。

执行【效果】>【画笔描边】>【深色线条】命令，弹出【深色线条】对话框。在【深色线条】对话框中设置【平衡】为"5"、【黑色强度】为"6"、【白色强度】为"2"，在左侧可以看到图像经过滤镜命令后的预览视图，如图8-94所示。

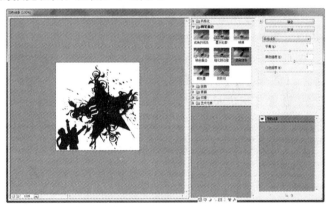

图8-93　　　　　　　　　　　图8-94

单击【确定】按钮，则完成深色线条的操作，如图8-95所示。

图8-95

7．烟灰墨

【烟灰墨】是以日本画的风格描绘图像，看起来像是用蘸满黑色墨水的湿画笔在宣纸上绘画。效果是非常黑的柔化模糊边缘。

首先使用【选择工具】选中已嵌入文档的图像，且图像颜色模式为RGB，如图8-96所示。

执行【效果】>【画笔描边】>【烟灰墨】命令，弹出【烟灰墨】对话框。在【烟灰墨】对话框中设置【描边宽度】为"10"、【描边压力】为"2"、【对比度】为"16"，如图8-97所示，在左侧可以看到图像经过滤镜命令后的预览视图。

单击【确定】按钮，完成烟灰墨的操作，效果如图8-98所示。

图8-96　　　　　　　图8-97　　　　　　　图8-98

8．阴影线

【阴影线】可保留阴影线在原稿图像的细节和特征，同时使用模拟的铅笔阴影线添加纹理，并使图像中彩色区域的边缘变粗糙。

首先使用【选择工具】选中已嵌入文档的图像，且图像颜色模式为RGB，如图8-99所示。

执行【效果】>【画笔描边】>【阴影线】命令，弹出【阴影线】对话框。在【阴影线】对话框中设置【描边长度】为"20"、【锐化程度】为"10"、【强度】为"1"，如图8-100所示，在左侧可以看到图像经过滤镜命令后的预览视图。

单击【确定】按钮，完成阴影线的操作，如图8-101所示。

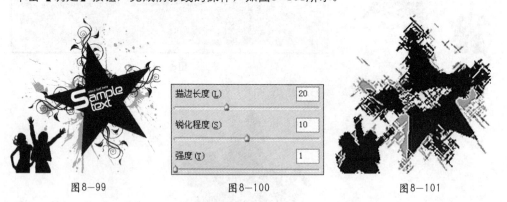

图8-99　　　　　　　图8-100　　　　　　　图8-101

8.3.14 / 纹理

应用【纹理】滤镜可以使图像表面具有深度感或质地感，或者为其赋予有机风格。

1．拼缀图

【拼缀图】滤镜可将图像分解为由若干方形图块组成的效果，图块的颜色由该区域的主色决定。

首先使用【选择工具】选中已嵌入文档的图像，且图像颜色模式为RGB，如图8-102所示。

执行【效果】>【纹理】>【拼缀图】命令，弹出【拼缀图】对话框。在【拼缀图】对话框中设置【方形大小】为"4"、【凸现】为"8"，如图8-103所示，在左侧可以看到图像经过滤镜命令后的预览视图。

单击【确定】按钮，完成拼缀图滤镜的操作，效果如图8-104所示。

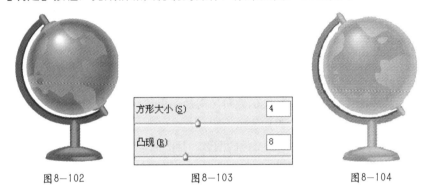

图8-102   图8-103   图8-104

2．染色玻璃

【染色玻璃】滤镜可将图像重新绘制成许多相邻的单色单元格效果，边框由前景色填充。

首先使用【选择工具】选中已嵌入文档的图像，且图像颜色模式为RGB，如图8-105所示。

执行【效果】>【纹理】>【染色玻璃】命令，弹出【染色玻璃】对话框。在【染色玻璃】对话框中设置【单元格大小】为"10"、【边框粗细】为"4"、【光照强度】为"3"，在左侧可以看到图像经过滤镜命令后的预览视图，如图8-106所示。

单击【确定】按钮，完成染色玻璃滤镜的操作，效果如图8-107所示。

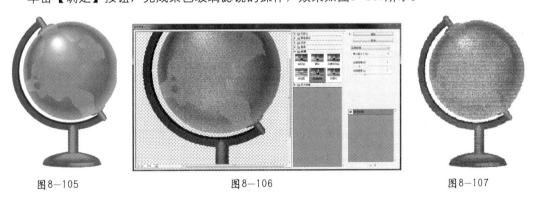

图8-105   图8-106   图8-107

3．纹理化

【纹理化】滤镜将所选择或创建的纹理应用于图像。

首先使用【选择工具】选中已嵌入文档的图像，且图像颜色模式为RGB，如图8-108所示。

执行【效果】>【纹理】>【纹理化】命令，弹出【纹理化】对话框。在【纹理化】对话框中设置【纹理】为"画布"、【缩放】为"100"、【凸现】为"10"、【光照】为

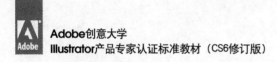
"上"，如图8-109所示，在左侧可以看到图像经过滤镜命令后的预览视图。

单击【确定】按钮，完成纹理化滤镜的操作，效果如图8-110所示。

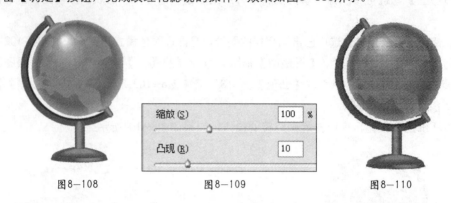

图8-108   图8-109   图8-110

4．颗粒

【颗粒】滤镜可通过模拟不同种类的颗粒（常规、柔和、喷洒、结块、强反差、扩大、点刻、水平、垂直或斑点），对图像添加纹理。

首先使用【选择工具】选中已嵌入文档的图像，且图像颜色模式为RGB，如图8-111所示。

执行【效果】>【纹理】>【颗粒】命令，弹出【颗粒】对话框。在【颗粒】对话框中设置【强度】为"60"、【对比度】为"65"、【颗粒类型】为"常规"，如图8-112所示，在左侧可以看到图像经过滤镜命令后的预览视图。

单击【确定】按钮，完成颗粒滤镜的操作，效果如图8-113所示。

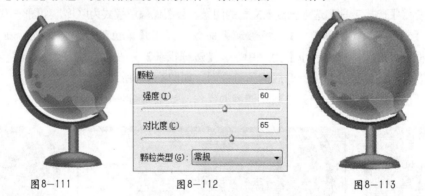

图8-111   图8-112   图8-113

5．马赛克拼贴

【马赛克拼贴】滤镜可绘制图像，使它看起来像是由小的碎片或拼贴组成，然后在拼贴之间添加缝隙。

首先使用【选择工具】选中已嵌入文档的图像，且图像颜色模式为RGB，如图8-114所示。

执行【效果】>【纹理】>【马赛克拼贴】命令，弹出【马赛克拼贴】对话框。在【马赛克拼贴】对话框中设置【拼贴大小】为"30"、【缝隙宽度】为"5"、【加亮缝隙】为"9"，如图8-115所示，在左侧可以看到图像经过滤镜命令后的预览视图。

单击【确定】按钮，完成马赛克拼贴滤镜的操作，效果如图8-116所示。

图8—114　　　　　　　　图8—115　　　　　　　　图8—116

6. 龟裂缝

【龟裂缝】滤镜可将图像绘制在一个高处凸现的模型表面上，以循着图像等高线生成精细的网状裂缝。

首先使用【选择工具】选中已嵌入文档的图像，且图像颜色模式为RGB，如图8—117所示。

执行【效果】>【纹理】>【龟裂缝】命令，弹出【龟裂缝】对话框。在【龟裂缝】对话框中设置【裂缝间距】为"15"、【裂缝深度】为"5"、【裂缝亮度】为"3"，在左侧可以看到图像经过滤镜命令后的预览视图，如图8—118所示。

单击【确定】按钮，完成龟裂缝滤镜的操作，效果如图8—119所示。

图8—117　　　　　　　　图8—118　　　　　　　　图8—119

8.3.15　艺术效果

应用【艺术效果】可以使一张图像具有不同的形象塑造，表现出不同的形态。

1. 塑料包装

【塑料包装】可将图像转换为具有塑料质感的效果。

首先使用【选择工具】选中已置入文档的图像，且图像颜色模式为RGB，如图8—120所示。

执行【效果】>【艺术效果】>【塑料包装】命令，弹出【塑料包装】对话框。在【塑料包装】对话框中设置【高强亮度】为"10"、【细节】为"15"、【平滑度】为"7"，在左侧可以看到图像经过滤镜命令后的预览视图，如图8-121所示。

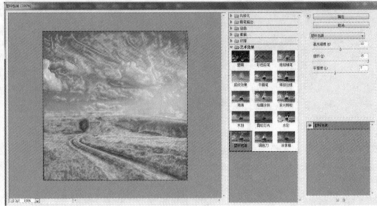

图8-120 　　　　　　　　　　　　　　　　　图8-121

单击【确定】按钮，完成塑料包装滤镜的操作，效果如图8-122所示。

2. 壁画

【壁画】可将图像塑造出艺术的梦幻感觉和效果。

使用【选择工具】选中已置入文档的图像，且图像颜色
模式为RGB，执行【效果】>【艺术效果】>【壁画】命令，
弹出【壁画】对话框。在【壁画】对话框中设置【画笔大
小】为"2"、【画笔细节】为"8"、【纹理】为"1"，
在左侧可以看到图像经过滤镜命令后的预览视图，如图
8-123所示。

图8-122

单击【确定】按钮，完成壁画滤镜的操作，效果如图8-124所示。

图8-123 　　　　　　　　　　　　　　　　图8-124

3. 使用相同的方法分别塑造不同画笔滤镜的效果

不同的画笔滤镜效果有很多，如干画笔、底纹效果、彩色铅笔等。

● 干画笔

使用【选择工具】选中已置入的图像，执行以上方法打开【干画笔】对话框，参数设置如
图8-125所示。单击【确定】按钮，完成干画笔滤镜的操作，效果如图8-126所示。

图8-125

图8-126

- 底纹效果

使用【选择工具】选中已置入的图像，执行以上方法打开【底纹效果】对话框，参数设置如图8-127所示。单击【确定】按钮后，完成底纹效果滤镜的操作，效果如图8-128所示。

图8-127

图8-128

- 彩色铅笔

使用【选择工具】选中已置入的图像，执行以上方法打开【彩色铅笔】对话框，参数设置如图8-129所示。单击【确定】按钮后，完成彩色铅笔滤镜的操作，效果如图8-130所示。

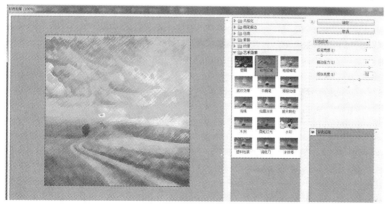

图8-129

图8-130

- 木刻

使用【选择工具】选中已置入的图像，执行以上方法打开【木刻】对话框，参数设置如图8-131所示。单击【确定】按钮后，完成木刻滤镜的操作，效果如图8-132所示。

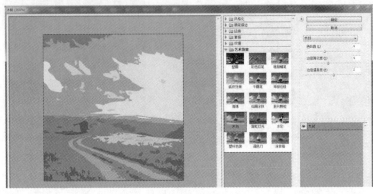

图8-131　　　　　　　　　　　　　　　　　　图8-132

- 水彩

使用【选择工具】选中已置入的图像，执行以上方法打开【水彩】对话框，其参数设置如图8-133所示。单击【确定】按钮后，完成水彩滤镜的操作，效果如图8-134所示。

图8-133　　　　　　　　　　　　　　　　　　图8-134

- 海报边缘

使用【选择工具】选中已置入的图像，执行以上方法打开【海报边缘】对话框，参数设置如图8-135所示。单击【确定】按钮后，完成海报边缘滤镜的操作，效果如图8-136所示。

图8-135　　　　　　　　　　　　　　　　　　图8-136

- 海绵

使用【选择工具】选中已置入的图像，执行以上方法打开【海绵】对话框，参数设置如图8-137所示。单击【确定】按钮后，完成海绵滤镜的操作，效果如图8-138所示。

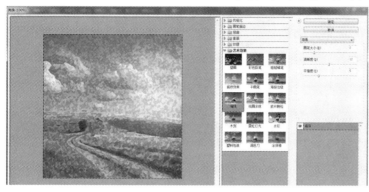 

图8-137　　　　　　　　　　　　　　　　图8-138

- 涂抹棒

使用【选择工具】选中已置入的图像，执行以上方法打开【涂抹棒】对话框，参数设置如图8-139所示。单击【确定】按钮后，完成涂抹棒滤镜的操作，效果如图8-140所示。

图8-139　　　　　　　　　　　　　　　　图8-140

- 粗糙蜡笔

使用【选择工具】选中已置入的图像，执行以上方法打开【粗糙蜡笔】对话框，参数设置如图8-141所示。单击【确定】按钮后，完成粗糙蜡笔滤镜的操作，效果如图8-142所示。

图8-141　　　　　　　　　　　　　　　　图8-142

● 绘画涂抹

使用【选择工具】选中已置入的图像，执行以上方法打开【绘画涂抹】对话框，参数设置如图8-143所示。单击【确定】按钮后，完成绘画涂抹滤镜的操作，效果如图8-144所示。

<table>
<tr><td>图8-143</td><td>图8-144</td></tr>
</table>

● 胶片颗粒

使用【选择工具】选中已置入的图像，执行以上方法打开【胶片颗粒】对话框，参数设置如图8-145所示。单击【确定】按钮后，完成胶片颗粒滤镜的操作，效果如图8-146所示。

<table>
<tr><td>图8-145</td><td>图8-146</td></tr>
</table>

● 调色刀

使用【选择工具】选中已置入的图像，执行以上方法打开【调色刀】对话框，参数设置如图8-147所示。单击【确定】按钮后，完成调色刀滤镜的操作，效果如图8-148所示。

<table>
<tr><td>图8-147</td><td>图8-148</td></tr>
</table>

● 霓虹灯光

使用【选择工具】选中已置入的图像，执行以上方法打开【霓虹灯光】对话框，参数设置如图8-149所示。单击【确定】按钮后，完成霓虹灯光滤镜的操作，效果如图8-150所示。

图8-149　　　　　　　　　　　　　　　　　　　　　　图8-150

8.3.16　实战案例——应用木刻效果

【木刻】效果可使图像具有卡通艺术感。

01 首先在新建好的文档中置入一张图片，如图8-151所示。

02 执行【效果】>【艺术效果】>【木刻】命令，弹出【木刻】对话框，在【木刻】对话框中设置【色阶数】为"2"、【边缘简化度】为"8"、【边缘逼真度】为"1"，如图8-152所示。

03 单击【确定】按钮，完成木刻滤镜的操作，效果如图8-153所示。

 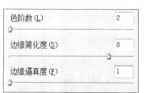 

图8-151　　　　　　　　　　图8-152　　　　　　　　　图8-153

8.3.17　风格化（下半部分）

【照亮边缘】滤镜可标志颜色的边缘，并向其添加类似霓虹灯的光亮。

首先使用【选择工具】选中已嵌入文档的图像，且图像颜色模式为RGB，如图8-154所示。

执行【效果】>【风格化】>【照亮边缘】滤镜，弹出【照亮边缘】对话框。在【照亮边缘】对话框中设置【边缘宽度】为"1"、【边缘亮度】为"20"、【平滑度】为"5"，在左侧可以看到图像经过滤镜命令后的预览视图，如图8-155所示。

单击【确定】按钮，完成风格化图像的操作，效果如图8-156所示。

图8-154

图8-155

图8-156

8.4 综合案例——设计商场广告牌

在本案例中，将使用【高斯模糊】、【凸出和斜角】、【投影】等效果设计商场广告牌。

知识要点提示

效果的应用

操作步骤

01 按【Ctrl（Windows）/Command（Mac OS）+N】键，在弹出的对话框中设置【名称】为"路牌"，【宽度】和【高度】分别为"420mm"、"590mm"，单击【确定】按钮，如图8-157所示。执行【文件】>【置入】命令，打开"素材\第8章\背景图.ai"，单击【置入】按钮，如图8-158所示。

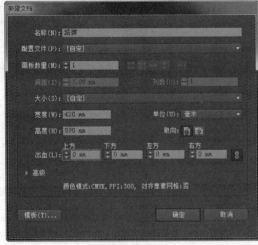
图8-157

图8-158

02 将置入的图片放大到合适大小，然后移动到合适位置，如图8-159所示。执行【效果】>【模糊】>【高斯模糊】命令，在对话框中设置【半径】参数为"60"，图片发生变化，如图8-160所示。

图8-159 图8-160

03 使用【文字工具】输入文字，然后在控制栏中设置字体为"粗黑"、字号为"150pt"，颜色设置为"蓝色"，使用【选择工具】将其移动到合适位置，如图8-161所示。使用【文字工具】输入文字，然后在控制栏中设置字体为"粗黑"、字号为"200pt"，颜色设置为"橘黄色"，使用【选择工具】将其移动到合适位置，如图8-162所示。

图8-161 图8-162

04 执行【效果】>【3D】>【凸出和斜角】命令，在对话框中设置位置参数分别为"-3°"、"45°"、"-2°"，单击【确定】按钮，文字出现立体效果，如图8-163所示。

05 执行【效果】>【风格化】>【投影】命令，使用默认参数，单击【确定】按钮，文字出现阴影效果，如图8-164所示。

图8－163

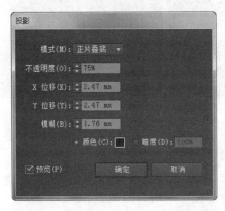

图8－164

06 打开"素材\第8章\购物女孩.ai"，按【Ctrl（Windows）/Command（Mac OS）+A】键全选对象，按【Ctrl（Windows）/Command（Mac OS）+C】键，如图8-165所示。切换到文档"路牌"中，按【Ctrl（Windows）/Command（Mac OS）+V】键，对象被粘贴到文档中，如图8-166所示。

图8－165

图8－166

[07] 使用【选择工具】分别选中两个对象，将其放大至合适大小，然后将它们移动到合适位置，如图8-167所示。

图8-167

8.5 本章小结

通过对图形各种特殊效果功能的应用，使设计者可以做到按需所绘，根据所要求的效果，准确、迅速地应用合适的操作。

8.6 本章习题

1. 选择题

（1）【扭曲和变换】效果组可以快速改变矢量对象形状，该组中包括【变换】、【扭拧】、【扭转】、【收缩和膨胀】、【波纹效果】、【粗糙化】和【自由扭曲】效果。其中，（　　）命令是通过控制点来改变对象形状的。

  A. 变换   B. 扭拧   C. 收缩和膨胀   D. 自由扭曲

（2）【模糊】命令可在图像中对指定线条和阴影区域的轮廓边线旁的（　　）进行平衡，从而润色图像，使过渡显得更柔和。

  A. 像素   B. 颜色   C. 色调

2. 问答题

效果与滤镜的区别是什么？

3. 操作题

（1）练习矢量图的转化。

（2）练习风格化滤镜。

第9章
图表

本章主要介绍有关图表的创建及编辑方法，使设计师了解并掌握图表的种类、特点及自定义图表的方法和效果。

本章学习要点

→ 图表的种类
→ 创建图表
→ 改变图表的表现形式
→ 自定义图表

9.1 图表的种类

图表可以清晰、直观地反映出各种统计数据的比较结果，应用非常广泛 。Illustrator软件中提供了丰富的图表类型和强大的图表功能，使设计师在运用图表进行数据统计和比较时更加方便、快捷。本章将利用图表工具进行各种类型图表的制作练习。

在Illustrator CS6中包含9种图表工具，分别为【柱形图工具】、【堆积柱形图工具】、【条形图工具】、【堆积条形图工具】、【折线图工具】、【面积图工具】、【散点图工具】、【饼图工具】和【雷达图工具】，每种图表工具可以创建一种不同的图表类型，下面将分别对每种图表类型的特点进行简单的概述，如图9-1所示。

【柱形图工具】创建的图表可以用垂直柱形来比较数值。也可以直接读出不同形式的统计数值。

【堆积柱形图工具】创建的图表与柱形图相似，但是它是将柱形叠加起来，而不是互相并列。这种图表类型可用于表示部分和总体的关系。

【条形图工具】创建的图表与柱形图类似，但是水平放置的是条形，而不是垂直放置柱形。横条的宽度代表比较数值的大小。

【堆积条形图工具】创建的图表与条形图类似，不同之处在于比较数值叠加在一起。

【折线图工具】使用点来表示一组或多组数值，并且对每组中的点都采用不同颜色的线段来连接。

【面积图工具】创建的图表与折线图类似，但是它强调的是数值的整体和变化情况。

【散点图工具】创建的图表沿X轴和Y轴将数据点作为成对的坐标组进行绘制。使用这种图表可反映数据的变化趋势。

【饼图工具】可创建饼形图表，在饼形图表上，可以使用选择工具，分别选择单一种类的百分比面积，单列出该图表，以达到特别的加强效果。

【雷达图工具】创建的雷达图表可以以一种环形方式显示各组数据，作以比较。雷达图表和其他图表不同，它经常被用于自然科学方面，一般并不常见。

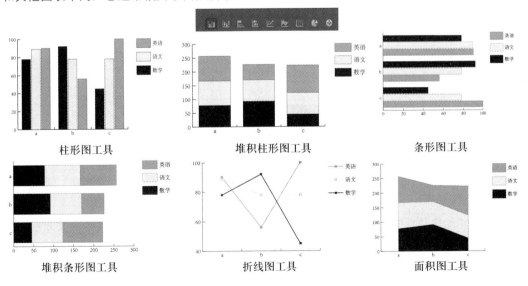

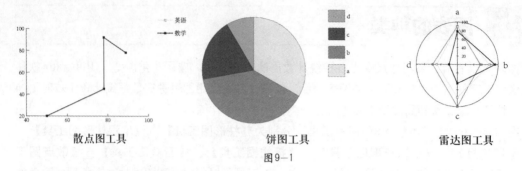

散点图工具　　　　　　　　饼图工具　　　　　　　　雷达图工具

图9—1

9.2 图表的创建

　　图表可让用户以可视方式交流统计信息。在 Adobe Illustrator 中，可以创建9种不同类型的图表并自定义这些图表，以满足用户的需要。单击并按住【工具】面板中的图表工具可查看可以创建的所有不同类型的图表。

9.2.1 设定图表的高度和宽度

　　创建图表时，首先要确定图表的高度和宽度。

　　在工具箱中选择【柱形图工具】选项，在需要绘制图表处单击鼠标左键，弹出【图表】对话框，可精确设置图表的高度和宽度。本案例设置【宽度】为"200mm"、【高度】为"100mm"，如图9—2所示。

图9—2

9.2.2 输入图表数据

　　在【图表】对话框中设置参数后单击【确定】按钮，出现已设置好宽度和高度的图表和图表数据输入框，如图9—3所示。

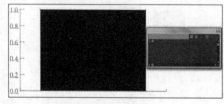

图9—3

　　下面介绍图表数据输入框中各选项按钮的作用，第一排选项按钮依次为【输入文本框】、【导入数据】按钮 、【换位行/列】按钮 、【切换x/y】按钮 、【单元格样式】按钮 、【恢复】按钮 和【应用】按钮，如图9—4所示。

【导入数据】：可导入其他软件产生的数据。

【换位行/列】：可转换横向和纵向数据。

【切换x/y】：可切换x轴和y轴的位置。

【单元格样式】：单击该按钮，弹出【单元格样式】对话框，如图9-5所示，可调节数据单元格的大小和小数点位数。

【恢复】：可使数据输入框中的数据恢复到初设状态。

【应用】：将设定的数据应用于表格。

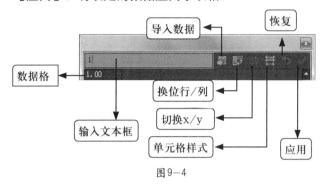

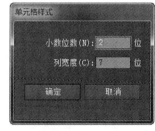

图9-4　　　　　　　　　　　　　　　　图9-5

了解图表数据输入框中各选项的作用后，下面根据提供的数据在【输入文本框】中依次输入数据。

图表数据输入框默认在第一个数据格中的数据为"1.00"，可以按【Delete】键删除，然后从第一行第二列依次输入数据"英语、高数……"，输入数据时只要选中需要输入的单元格，然后在【输入文本框】中输入即可；将第一行的数据输入完毕后，从第二行第一列依次输入数据"小李、100……"，如图9-6所示。

数据输入完毕后，单击【应用】按钮，图表的基本样子就绘制完成了，如图9-7所示。关闭图表数据输入框。

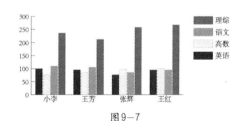

图9-6　　　　　　　　　　　　　　　　图9-7

> ↘ **小知识**
>
> 选择数据单元格的方法是：选中一个单元格后，按【Tab】键可以输入数据并选择同一行中的下一单元格；按【Enter（Windows）/ Return（Mac OS）】键可以输入数据并选择同一列中的下一单元格；按【↑、↓、←、→】键可以切换单元格；或者只需单击另一单元格即可将其选定。

下面对图表做进一步的修改，使图表更符合制作要求。

用【选择工具】选择图表，然后执行【对象】>【图表】>【数据】命令，弹出【图表数据输入框】。单击【换位行/列】按钮，将行与列转换，再单击【应用】按钮，图表修改后的效果如图9-8所示。关闭图表数据输入框。

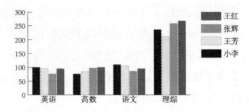

图9-8

在修改后的图表中还缺少测量单位的数值轴，下面为图表添加数值轴。

用【选择工具】选择图表，执行【对象】>【图表】>【类型】命令，弹出【图表类型】对话框。在【图表选项】的下拉列表框中选择【数值轴】，在【刻度线】选项组的【长度】下拉列表框中选择【全宽】选项，如图9-9所示。

图9-9

单击【确定】按钮，可看到图表的横向添加了与图表同宽的数值轴，如图9-10所示。

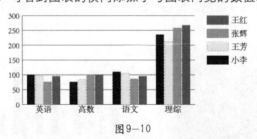

图9-10

小知识

除了执行【对象】>【图表】>【类型】命令来打开【图表类型】对话框以外，还可以通过双击【柱形图表工具】按钮来打开【图表类型】对话框。

接着为图表添加纵向的数值轴。

用【选择工具】选择图表，执行【对象】>【图表】>【类型】命令，弹出【图表类型】对话框。在【图表选项】的下拉列表框中选择【类别轴】，在【刻度线】选项组的【长度】下拉列表框中选择【短】选项，如图9-11所示。

单击【确定】按钮，可以看到图表的纵向添加了数值轴，如图9-12所示。至此，图表的制作就完成了。

 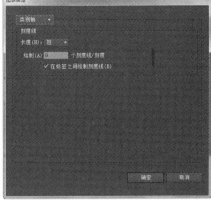

图9—11

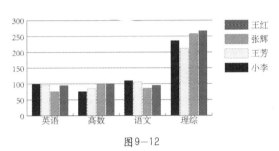

图9—12

9.2.3 修改图表数据

用【选择工具】选中创建好的图表，执行【对象】>【图表】>【数据】命令，弹出【图表数据输入框】，如图9—13所示。

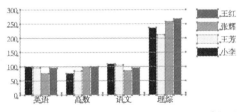 

图9—13

在数据输入框中选中要修改的数据单元格，然后在输入文本框中修改数据，如图9—14所示。

最后单击【应用】按钮，图表即可修改完成，如图9—15所示。

 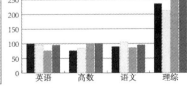

图9—14　　　　　　　　　　　　　　图9—15

9.2.4 / 修改图表类型

用【选择工具】选中创建好的图表，执行【对象】>【图表】>【类型】命令，弹出【图表类型】对话框，如图9—16所示。

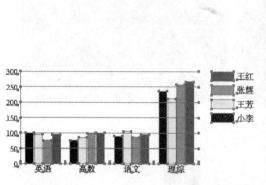

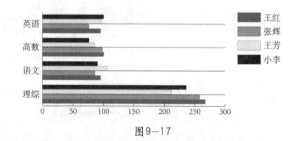

图9—16

在【类型】中选中【条形图】选项，单击【确定】按钮，即可将图表类型修改为【条形图】，如图9—17所示。

图9—17

> **小知识**
>
> 一旦用渐变的方式对图表对象进行上色，更改图表类型就会导致意外的结果。为防止出现不需要的结果，需要等到图表结束后再应用渐变，或使用【直接选择工具】选择渐变上色的对象，并用印刷色上色，然后重新应用原始渐变。

9.3 图表的表现形式

可以用多种方式来设置图表格式。例如，可以更改图表轴的外观和位置、添加投影、移动图例，组合显示不同的图表类型。通过用【选择工具】选定图表并执行【对象】>【图表】>【类型】命令，还可以查看图表的设置格式选项。

9.3.1 / 图表选项

在【图表类型】对话框中除图表类型选项外，还有其他几个选项控制图表的一些表现形式。本小节以条形图为例，介绍图表选项。

用【选择工具】选中条形图，执行【对象】>【图表】>【类型】命令，显示【图表类

型】对话框。在【数值轴】下拉列表框中包含【位于上侧】、【位于下侧】和【位于两侧】3
个选项，如图9-18所示。分别选择这3个数值轴选项，可看到数值轴位于图表的不同位置，如
图9-19所示。

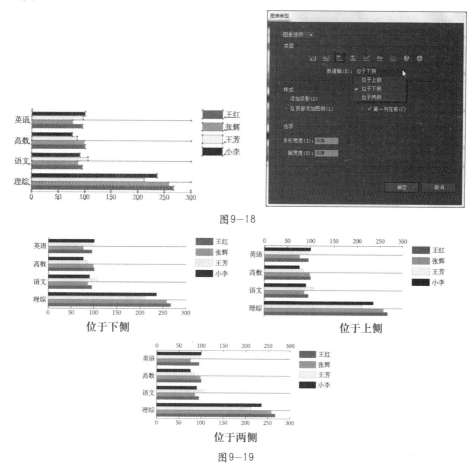

图9-18

图9-19

在【图表类型】对话框中选中【添加投影】复选框可为图表添加投影，但添加的投影不可
调节不透明度、颜色和大小等选项；选中【在顶部添加图例】复选框，可以在图表顶部显示图
例，单击【确定】按钮，完成图表类型的修改，如图9-20和图9-21所示。

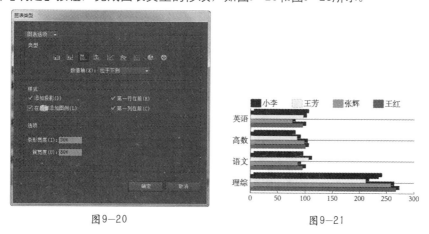

图9-20

图9-21

↓ **小知识**

可以选择在图表的一侧显示数值轴或者两侧都显示数值轴。条形、堆积条形、柱形、堆积柱形、折线和面积图也有在图表中定义数据类别的类别轴。

9.3.2 / 数值轴

除了饼图之外，所有的图表都有显示图表测量单位的数值轴。要更改数值轴的位置，可以在【图表类型】对话框中进行。

用【选择工具】选中已创建好的图表，执行【对象】>【图表】>【类型】命令，弹出【图表类型】对话框。在【图表选项】的下拉列表框中选择【数值轴】选项，如图9-22所示。

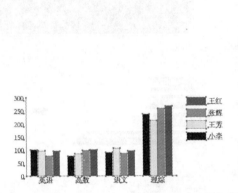
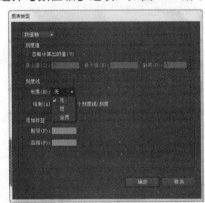

图9-22

在【数值轴】选项对话框中，可以控制每个轴上显示多少个刻度线，改变刻度线的长度，并能将前缀和后缀添加到轴上的数字上。

【刻度值】：确定数值轴、左轴、右轴、下轴或上轴上的刻度线的位置。选中【忽略计算出的值】复选框，可以手动计算刻度线的位置。

【刻度线】：确定刻度线的长度和刻度线/刻度的数量。在【长度】下拉列表框中包含【无】、【短】、【全宽】选项，如图9-22所示。分别选择这3种长度的刻度线，可看到刻度线在图表中的不同效果，如图9-23所示。

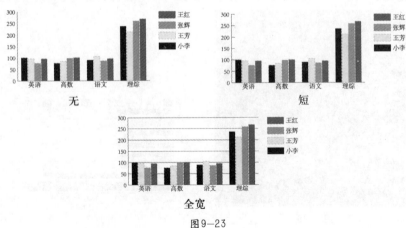

图9-23

在【添加标签】选项中可确定数值轴、左轴、右轴、下轴或上轴上数字的前缀和后缀，在【前缀】文本框中输入"No."，在【后缀】文本框中输入"分"，如图9-24所示。

单击【确定】按钮，完成数值轴的操作，效果如图9-25所示。

图9-24

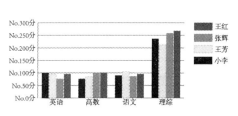

图9-25

9.4 自定义图表

可以用多种方式手动自定义自己的图表，如可以更改底纹的颜色，更改字体和文字样式，移动、对称、切变、旋转或缩放图表的任何部分或所有部分，并自定列和标记的设计。用户可以对图表应用透明、渐变、混合、画笔描边、图表样式和其他效果。应该在最后应用这些改变，因为重新生成图表会把这些改变删除。

9.4.1 修改图表部分显示

以9.2.2小节制作好的图表为例，进行修改图表部分显示的介绍。

图表在默认情况下都是以黑和不同程度的灰为图表颜色的，下面为图表更改颜色。

选择工具箱中的【编组选择工具】选项，单击图表中的浅灰色柱形，如图9-26（a）所示；按【shift】键继续单击同一个柱形，选择包含所选对象的其他相同对象，即将其他柱形都选中，如图9-26（b）所示；按【shift】键再次单击同一个柱形，则将右边图例中的浅灰色块选中，如图9-26（c）所示。

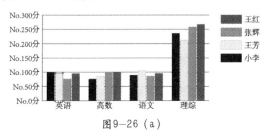

图9-26（a）

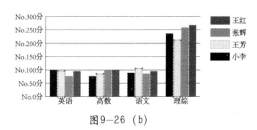

图9-26（b）

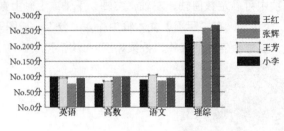

图9-26（c）

打开【色板】面板，单击面板中任意一种颜色，则选中的柱形被填充颜色。单击工具箱中的【描边】按钮，将它置于前面，然后单击【无】按钮，将描边去掉，如图9-27所示。

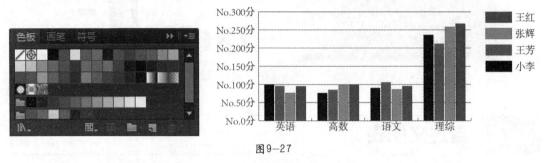

图9-27

按照第一、二步的操作为剩下的柱形填充颜色，如图9-28所示。

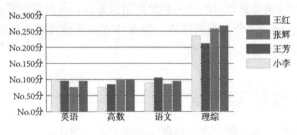

图9-28

最后为图表设置字体字号。用【编组选择工具】单击图表左侧的数字，按【shift】键继续单击同一个数字则完全选中左侧的数字，如图9-29所示。

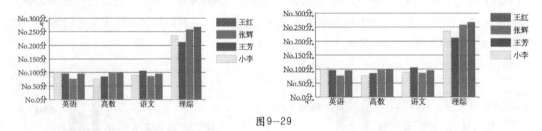

图9-29

按快捷键【Ctrl（Windows）/Command（Mac OS）+T】打开【字符】面板，在【字体】下拉列表框中选择宋体，在【字体大小】下拉列表框中选择"18pt"，可看到图表设置完字体字号后的效果，如图9-30所示。

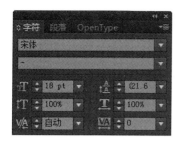
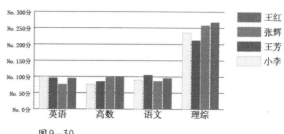

图9-30

按照上一步骤的操作将剩余的文字也作相应的调整。将科目的文字【字体】改为"汉仪中等线简"，【字号】改为"20pt"，如图9-31（a）所示；图例的文字【字体】改为"汉仪中等线简"，【字号】改为"24pt"，如图9-31（b）所示。

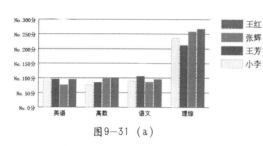
图9-31（a）

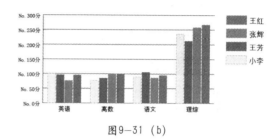
图9-31（b）

图表的制作就完成了，如图9-32所示。

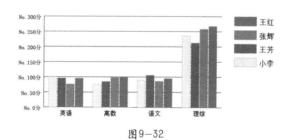
图9-32

小知识

使用【编组工具】选择文字时，单击一次选中要更改的文字基线，单击两次则选中所有的文字。

9.4.2 / 同一图表显示不同图表类型

本小节主要介绍在图表中显示不同的图表类型。例如，可以让一组数据显示为柱形图，而其他数据组显示为折线图。除了散点图之外，可以将任何类型的图表与其他图表组合。散点图不能与其他任何图表类型组合。

在工具箱中选择【柱形图工具】选项，在空白页面处单击鼠标左键，弹出【图表】对话框，可精确设置图表大小。本案例设置【宽度】为"200mm"、【高度】为"100mm"，如图9-33所示。

图9-33

单击【确定】按钮后，出现设置好大小的图表和图表数据输入框，如图9-34所示。

根据下面提供的数据在【输入文本框】中依次输入数据，如图9-35所示。

图9-34

图9-35

单击【应用】按钮，将数据应用到图表中，如图9-36所示。

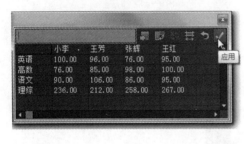

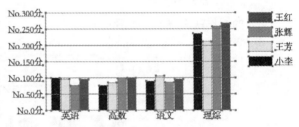

图9-36

单击图表数据输入框右上角的【关闭】按钮，将对话框关闭。

用【编组选择工具】单击代表小李的黑色柱形，按【shift】键继续单击，将其他相同颜色的柱形和图例中的黑色块都选中，如图9-37所示。

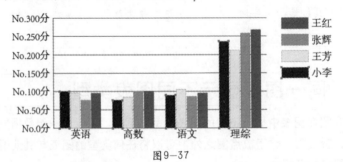

图9-37

执行【对象】>【图表】>【类型】命令，弹出【图表类型】对话框。在【类型】选项组中单击【折线图】按钮，如图9-38所示。

单击【确定】按钮，即可看到图表中的黑色柱形都变成了折线图，如图9-39所示。

图9-38

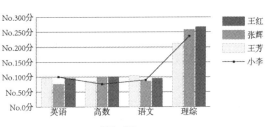
图9-39

用【编组选择工具】选择代表王芳的浅灰色柱形，包括右边的图例，然后打开【颜色】面板，为柱形填充"C0，M100，Y0，K0"的颜色，如图9-40所示。

用【编组选择工具】选择代表张辉的灰色柱形，包括右边的图例，然后打开【颜色】面板，为柱形填充"C100，M0，Y0，K0"的颜色，如图9-41所示。

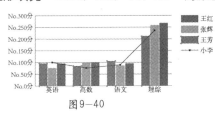
图9-40

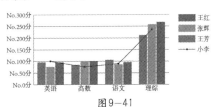
图9-41

用【编组选择工具】选择代表王红的黑色折线，包括右边的图例，然后打开【颜色】面板，为柱形填充"C0，M100，Y100，K0"的颜色，如图9-42所示。

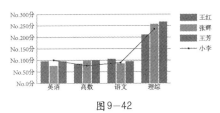
图9-42

小知识

如果和其他图表类型一起使用堆积柱形图，那么应确保由堆积柱形图表示的所有数据组都使用相同的轴。如果有的数据组使用右轴而其他数据组使用左轴，那么柱形高度可能会发生重叠或令人误解。

将柱形图和折线图结合在同一个图表中的操作就完成了，如图9-43所示。

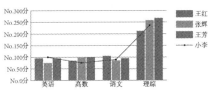
图9-43

9.4.3 实战案例——定义图表图案

本小节主要介绍如何利用【符号】面板中的符号进行图表设计，使原本单一的柱形变为更丰富的图案。

01 执行【窗口】>【符号库】>【花朵】命令，则出现【花朵】面板，如图9-44所示。

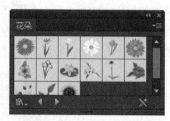

图9-44

02 选择【花朵】面板中的"红玫瑰"，然后按住鼠标左键不放拖曳到空白页面处，如图9-45所示。

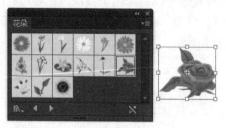

图9-45

03 用【选择工具】选择"红玫瑰"符号，在该符号的定界框上单击鼠标右键，在弹出的快捷菜单中选择【断开符号链接】选项，使符号变为一个图形，如图9-46所示。

图9-46

04 用【矩形工具】绘制一个同图形大小相等的矩形框，作为图形的边界，并将矩形框的填充和描边设为【无】，如图9-47所示。

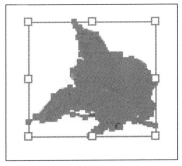

图9—47

[05] 用【钢笔工具】绘制一条水平线段作为伸展或压缩图表设计的位置，如图9—48所示。

[06] 用【选择工具】选择图表设计的所有部分，包括矩形框和线段，然后在图形的范围内单击鼠标右键，在显示的快捷菜单中选择【编组】选项，如图9—49所示。

图9—48

图9—49

[07] 用【直接选择工具】单独选择水平线段，执行【视图】>【参考线】>【建立参考线】命令，则将水平线段转换为参考线，如图9—50所示。

图9—50

[08] 执行【视图】>【参考线】>【锁定参考线】命令，删除【锁定】旁边的勾选标记，这样可以解锁参考线，以确保移动图案时参考线和设计能够一起移动。

[09] 用【选择工具】选择整个图表设计，包括矩形框和参考线，执行【对象】>【图表】>【设计】命令，弹出【图表设计】对话框，单击【新建设计】按钮，可从预览视图中看到前面设置的图案。单击【重命名】按钮，弹出【图表设计】对话框，在【名称】文本框中输入

"红玫瑰"，单击【确定】按钮后，再单击【确定】按钮，则完成将符号定义为图表符号的操作，如图9-51所示。

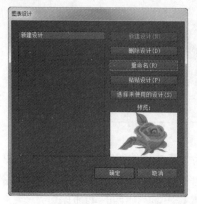

图9-51

9.4.4 实战案例——应用图表图案

图表图案定义完成后，现在将图案应用在图表中。

01 在工具箱中选择【柱形图工具】选项，在空白页面处单击鼠标左键，在弹出的【图表】对话框中设置【宽度】为"80mm"、【高度】为"100mm"，如图9-52所示。

02 单击【确定】按钮后，出现设置好大小的图表和图表数据输入框，如图9-53所示。

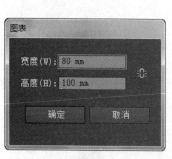
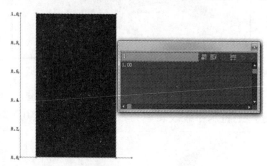

图9-52　　　　　　　　　图9-53

03 下面根据提供的数据在【输入文本框】中依次输入数据，如图9-54所示。

04 单击【应用】按钮，将数据应用到图表中，效果如图9-55所示。

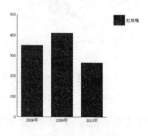

图9-54　　　　　　　　　图9-55

05 用【选择工具】选择图表，执行【对象】>【图表】>【柱形图】命令，弹出【图表列】对话框，在【选取列设计】文本框中选择"红玫瑰"，在【列类型】下拉列表框中选择【局部缩放】选项，如图9-56所示。

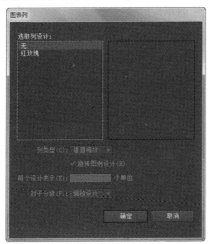

图9-56

〖06〗单击【确定】按钮，得到的效果如图9-57所示。

〖07〗用选择【编组选择工具】，并按住【Shift】键选择图表中的参考线，然后按【Delete】键删除，用【柱形图工具】制作局部缩放柱形的设计就完成了，得到的效果如图9-58所示。

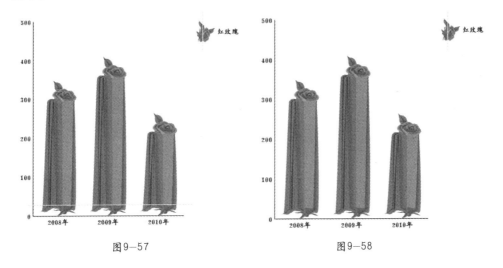

图9-57   图9-58

9.5 综合案例——设计一个城市人口分布的图表

在本案例中，将使用图表的创建及编辑方法【饼图工具】及3D功能等设计一款公司图表。

知识要点提示

图表工具的应用

📁 **操作步骤**

01 执行【文件】>【新建】命令，弹出【新建文档】对话框，名称命名为"城市人口分布表"，单击【确定】按钮，如图9-59所示。在工具栏中选择【饼图工具】，在新建的文档中拖动鼠标左键，弹出对话框，在对话框中分别输入数值"4""1""5"，单击【确定】按钮，如图9-60所示。关闭对话框。

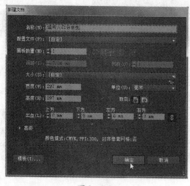

图9-59

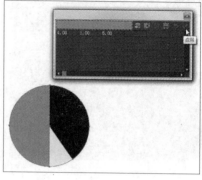

图9-60

02 使用工具箱中的【直接选择工具】在图表外单击鼠标左键，然后选择图表中不同色块，在【色板】面板中将它们分别设置为黄、红、青三种颜色，如图9-61所示。用选择工具选中绘制好的表，执行【效果】>【风格化】>【投影】命令，弹出【投影】对话框，其设置如图9-62所示，单击【确定】按钮。

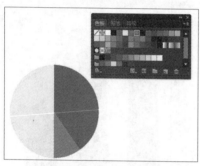

图9-61

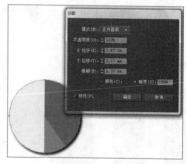

图9-62

03 使用【选择工具】选中绘制好的表，执行【效果】>【艺术效果】>【塑料包装】命令，在弹出的【塑料包装】对话框中设置"高光强度"为"10"、"细节"为"2"、"平滑度"为"15"，如图9-63所示，单击【确定】按钮，效果如图9-64所示。

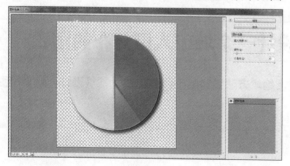

图9-63

图9-64

04 使用【文字工具】输入文字，在【色板】面板中设置文字【填充色】为"黑色"，在控制栏中设置字体字号，如图9—65所示。输入其他文字，并设置【字体】为"微软雅黑"、【字号】为"36pt"和【颜色】为黑，效果如图9—66所示。

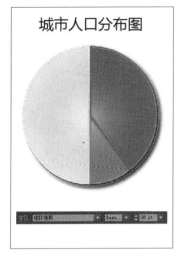

图9—65

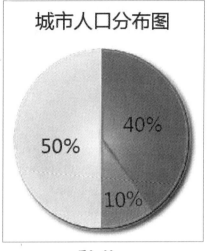

图9—66

9.6　本章小结

熟练掌握Illustrator软件中提供的丰富的图表类型和强大的图表功能，使设计师在运用图表进行数据统计和比较时更加方便、快捷。

9.7　本章习题

1．选择题

（1）在Illustrator CS6中包含9种图表工具，不包括（　　　）。

　　　A. 面积图工具　　　　B. 条形图工具　　　　C. 饼图工具　　　　　D. 线图工具

（2）柱形图创建的图表可用（　　　）柱形来比较数值，直接读出不同形式的统计数值。

　　　A. 垂直　　　　　　　B. 平行　　　　　　　C. 倾斜

（3）除了（　　　）之外，所有的图表都有显示图表测量单位的数值轴。

　　　A. 堆积柱形图　　　　B. 折线图　　　　　　C. 饼图　　　　　　　D. 散点图

2．问答题

柱形图表与条形图表的区别是什么?

3．操作题

（1）练习创建柱形图表。

（2）练习定义图表图案。

第10章
图层和蒙版

Illustrator 可以将不同的对象放置在不同的图层中，这样便于选择和编辑对象，在【图层】面板中可以通过建立蒙版来隐藏内容，本章主要学习图层和蒙版的功能。

本章学习要点

- 了解图层的使用方法
- 掌握图层和蒙版的综合使用方法

10.1 图层

图层为你提供了一种有效的方式来管理组成图稿的所有项目，通过图层可以更方便地选择和编辑对象，图层都被放置在【图层】面板中。可以将图层视为结构清晰的含图稿文件夹，如果重新安排文件夹，就会更改图稿中项目的堆叠顺序，可以在文件夹间移动项目，也可以在文件夹中创建子文件夹。

10.1.1 图层面板

执行【窗口】>【图层】命令，弹出【图层】面板，在【图层】面板中可以列出、组织和编辑文档中的对象。默认情况下，每个新建的文档都包含一个图层，而每个创建的对象都在该图层之下列出。在该面板中可以创建新的图层，并根据需求以最适合的方式对项目进行重排，如图10-1所示。

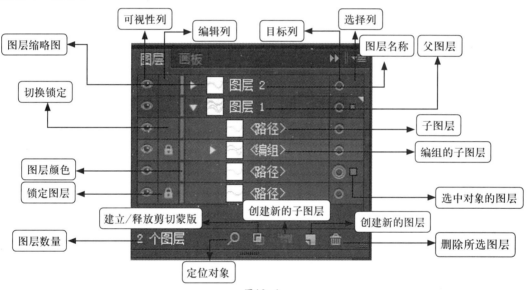

图10-1

【图层】面板将在列表的左右两侧提供若干列。在列中单击，可控制下列特性。

【可视性列】：指示图层中的项目是可见的还是隐藏的（空白），并指示这些项目是模板图层还是轮廓图层。

【编辑列】：指示项目是锁定的还是非锁定的。若显示锁状图标，则指示项目为锁定状态，不可编辑；若为空白，则指示项目为非锁定状态，可以进行编辑。

【目标列】：指示是否已选定项目以应用【外观】面板中的效果和编辑属性。当目标按钮显示为双环图标时，表示项目已被选定；单环图标则表示项目未被选定。

【选择列】：指示是否已选定项目。当选定项目时，会显示一个颜色框。如果一个项目（如图层或组）包含一些已选定的对象以及其他一些未选定的对象，就会在父项目旁显示一个较小的选择颜色框。如果父项目中的所有对象均已被选中，那么选择颜色框的大小将与选定对象旁的标记大小相同。

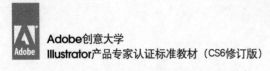
【图层】面板中的其他图标含义如下。

【父/子图层】：单击■按钮可以新建一个父图层，该图层总是被放置在选中的图层之上；**按住【Ctrl（Windows）/Command（Mac OS）】键单击■按钮可以在所有图层之上建立一个父图层**；将图层拖曳到■按钮上可以复制一个同样的图层。单击■按钮可以新建一个子图层，该子图层将被建立在选中的父图层下。

【图层名称/颜色】：指定项目在【图层】面板中显示的名称，可以双击图层栏，在弹出的对话框中重新定义名称。默认情况下，Illustrator 将为【图层】面板中的每个图层指定唯一的颜色（最多9种颜色），此颜色将显示在面板中图层名称的旁边，所选对象的定界框、路径、锚点及中心点也会在插图窗口显示与此相同的颜色，可以使用此颜色在【图层】面板中快速定位对象的相应图层，并根据需要更改图层颜色。图层颜色可以指定图层的颜色设置，可以从菜单中选择颜色，或双击颜色色板以选择颜色。

【切换可视性/锁定】：切换可视性可以控制图层显示或者隐藏，■表示显示图层，■表示隐藏图层。切换锁定可以锁定或者解锁图层对象，■表示锁定图层对象，此时对象不能被编辑，■则表示对象可以被编辑。

【删除图层】：单击该按钮或者将选中图层拖曳到■按钮上，可以将选中的图层删除。

> **小知识**
>
> 当【图层】面板中的项目包含其他项目时，项目名称的左侧会出现一个三角形。单击此三角形可显示或隐藏内容。如果没有出现三角形，就表明项目中不包含任何其他项目。

10.1.2 操作图层

在【图层】面板中可以进行选择对象、改变图层的堆叠顺序、合并图层、图层间移动对象等操作。

1. 选择对象

使用【选择工具】可以直接选中对象，但是对于一些堆叠在一起的对象则很难直接选中，在【图层】面板中只需要单击【目标列】按钮中的◎图标，即可选中该图层对应的对象，此时图标变成◎，如图10-2所示。**按住【Shift】键或者【Ctrl（Windows）/Command（Mac OS）】键并逐一单击多个◎图层的图标，可以选中这些图层对应的对象**，如图10-3所示。

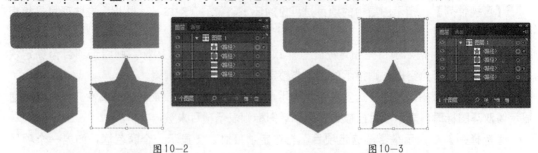

图10-2　　　　　　　　　　　　　　　　图10-3

2. 改变图层的堆叠顺序

在画板中创建的图形、文字或者置入的图片，将按先后顺序逐一堆叠，后创建的对象处于上方，在【图层】面板中也按这个堆叠顺序逐一排列。如果需要改变对象的堆叠顺序，可以在图层栏上按住鼠标左键并拖曳到指定位置，如图10-4所示。

如果将子图层拖曳到其他的父图层上，那么该子图层上的对象也将被拖曳到父图层上，如图10-5所示。

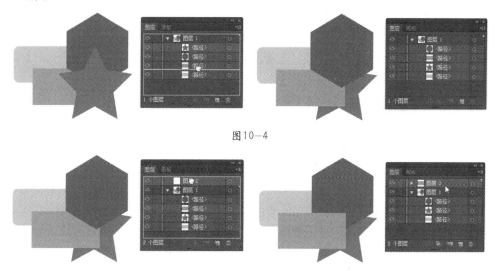

图10-4

图10-5

3. 合并图层

选中多个图层后，在图层下拉菜单中执行【合并所选图层】命令，可以将选中的图层合并，如图10-6所示。

如果需要将所有图层合并到一个图层中，在图层下拉菜单中执行【拼合图稿】命令，即可完成此操作，如图10-7所示。

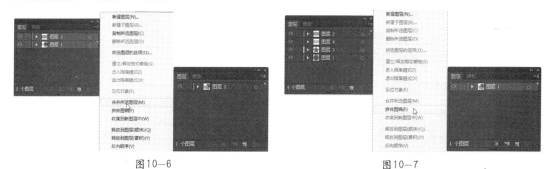

图10-6

图10-7

4. 隔离模式

对图层（或子图层）引用隔离模式可以保证所有的编辑工作只针对隔离图层中的对象。选中一个图层，然后在【图层】面板下拉菜单中执行【进入隔离模式】命令，【图层】面板中只出现隔离模式图层，其他图层被隐藏，此时只能编辑隔离图层中的对象，如图10-8所示。若要退出隔离模式，则在【图层】面板下拉菜单中执行【退出隔离模式】命令，或者在隔离对象外双击鼠标左键即可。

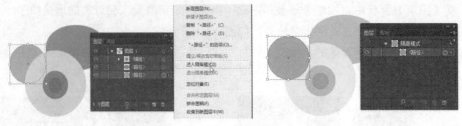

图10—8

10.2 透明度和混合模式

在Illustrator 中可以使用多种方法使对象居中、改变透明度效果，如降低对象的不透明度，以使底层的图稿变得可见；使用不透明蒙版来创建不同的透明度；使用混合模式来更改重叠对象之间颜色的相互影响方式；应用包含透明度的渐变和网格；应用包含透明度的效果或图形样式，例如投影；导入包含透明度的 Adobe Photoshop 文件。本节主要针对通过在【透明度】面板中进行设置来改变对象的不透明度。在【透明度】面板中可以指定对象的不透明度和混合模式，创建不透明蒙版，或者使用透明对象的上层部分来挖空某个对象的一部分。

10.2.1 透明度面板

执行【窗口】>【透明度】命令，弹出【透明度】面板，在面板中通过设置【不透明度】可以改变单个对象的不透明度，一个组或图层中所有对象的不透明度或一个对象的填色或描边的不透明度，如图10-9所示。

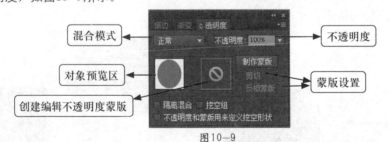

图10—9

不透明度的数值越小，透明程度越高，居于对象之下的其他对象显示越清晰。当对编组对象进行透明度设置时，组内的对象将作为一个整体改变透明度，如图10-10所示。

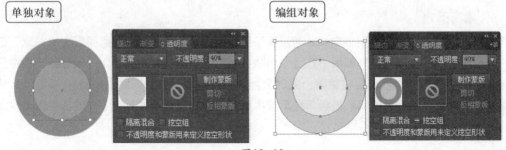

图10—10

如果对某个图层设置透明度，那么图层中所有对象的透明度都会改变，如图10-11所示。当该图层中某个对象被移到另一个图层时，该对象将应用新图层的透明度，如图10-12所示。

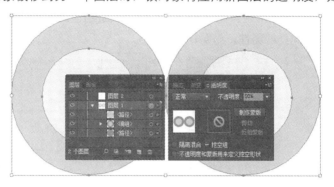

图10-11

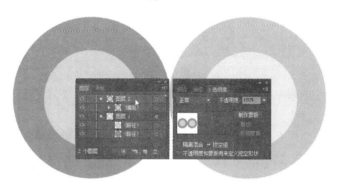

图10-12

直接使用【透明度】面板对对象进行透明度设置，对象的填充和描边会同时被修改。如果需要分别针对填充和描边进行透明度设置，那么可以通过【外观】面板来实现。选中对象之后，执行【窗口】>【外观】命令，在弹出的【外观】面板中单击【不透明度】按钮，在弹出的对话框中设置参数即可，如图10-13所示。

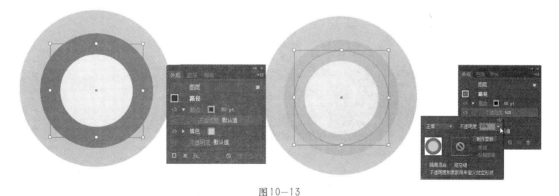

图10-13

10.2.2 混合模式

混合模式可以使上下对象颜色发生混合而得到新的颜色，混合模式更多应用于对象与位图之间的混合。混合模式必须了解3个术语：混合色、基色和结果色。混合色是选定对象、组或图层的原始色彩；基色是图稿的底层颜色；结果色是混合后得到的颜色。

混合模式共分6组，即正常组、变暗组、变亮组、反差组、比较组、着色组，每组内的混合模式作用相似或者有同类的属性，如图10—14所示。

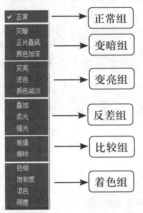

图10—14

（1）正常组：正常模式是默认的混合模式，该模式只能通过调整混合色的不透明度来与下方的基色产生混合效果。

（2）变暗组：该组中有3个混合模式，它们都能使混合之后的结果色变暗。

【变暗】：选择基色或混合色中较暗的一个作为结果色，比混合色亮的区域会被结果色所取代，比混合色暗的区域将保持不变，如图10—15所示。

图10—15

【正片叠底】：模拟印刷油墨叠加混合的效果（也可以看做是模拟阴影投影的效果），可以想象油墨一层层叠加上去，看到的颜色会越变越暗，直至变成黑色，因此该模式混合的结果色比【变暗】模式更暗，如图10-16所示。

图10-16

【颜色加深】：基色根据混合色的明暗程度来变化（混合色的明暗度控制基色的变化）。混合色越暗，改变基色的能力越强，即基色变得越暗；混合色越亮，改变基色的能力越弱，基色变黑越不明显；任何混合色都不能改变白色的基色。根据上述得出结论，【颜色加深】的结果色显示【基色】较多的图像细节，结果色变暗并增大反差，如图10-17所示。

图10-17

（3）变亮组：该组有3个混合模式，这3个混合模式分别对应变暗组的3个混合模式，与之对应的结果色效果相反，如变亮与变暗的效果相反。

【变亮】：选择基色或混合色中较亮的一个作为结果色，比混合色暗的区域将被结果色所取代，比混合色亮的区域将保持不变，如图10-18所示。

图10-18

【滤色】：该模式与【正片叠底】作用效果相反，是模拟光叠加混合的效果，可以想象当在一个黑色的空间打上一束光映在墙上，另一束光打在同一位置，随着一束束光叠加，这面墙将越来越亮直至白色，因此该模式比【变亮】模式更亮，如图10-19所示。

图10-19

【颜色减淡】：该模式与【颜色加深】作用效果相反，是基色根据混合色的明暗程度来变化（混合色的明暗度控制基色的变化）。混合色越亮，改变基色的能力越强，即基色变得越亮；混合色越暗，改变基色的能力越弱，基色变亮越不明显；任何混合色都不能改变黑色的基色，如图10-20所示。

图10-20

（4）反差组：该组包含3个选项，应用该组混合模式可以提高图像的反差，与128灰色混合不产生效果。

【叠加】：【叠加】模式的结果色与图层顺序有关，如果基色比128灰色暗，那么基色与混合色以【正片叠底】模式混合；如果比128灰色亮，就以【滤色】模式混合，因此结果色更多显示基层的图像细节并增加反差，如图10-21所示。

图10-21

【柔光】：【柔光】与【叠加】相似，但是结果色反差相对较小，如图10-22所示。

【强光】：【强光】与【叠加】唯一的不同是，以【滤色】或者【正片叠底】与基色进行混合，由混合色的明暗度来决定，因此混合效果更多地显示混合层并增加反差，如图10-23所示。

图10-22

图10-23

（5）比较组：该组有2个选项，即【差值】和【排除】。【差值】：可以从基色减去混合色或从混合色减去基色，具体取决于哪一种的亮度值较大，与白色混合将反转基色值，与黑色混合则不发生变化，如图10-24所示。

图10-24

【排除】与【差值】相似，但是混合效果对比度较低，如图10-25所示。

图10-25

（6）着色组：该组包含4个选项。

【色相】：用基色的亮度和饱和度以及混合色的色相创建结果色，如图10-26所示。

图10-26

【饱和度】：用基色的亮度和色相以及混合色的饱和度创建结果色。在无饱和度（灰度）的区域上用此模式着色不会产生变化，如图 10-27 所示。

图10-27

【混色】：用基色的亮度以及混合色的色相和饱和度创建结果色，这样可以保留图稿中的灰阶，对于给单色图稿上色以及给彩色图稿染色都非常有用，如图10-28所示。

图10-28

【明度】：用基色的色相和饱和度以及混合色的亮度创建结果色。此模式创建与【混色】模式有相反的效果，如图10-29所示。

图10-29

10.2.3 / 应用混合模式

混合模式使不同的图像具有不同的效果。

打开绘制好的"素材\第10章\背景.ai",使用【选择工具】选中图像,打开透明度面板,【混合模式】为【正常】时,效果如图10-30所示。

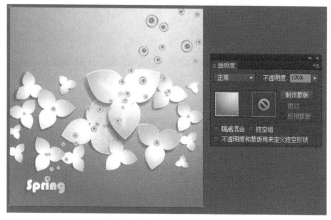

图10-30

执行以上操作,【混合模式】在不同的情况下,效果分别如图10-31~图10-45所示。

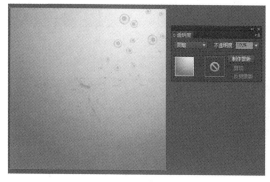

图10-31

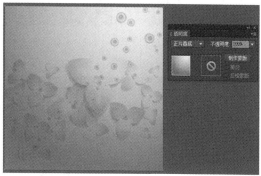

图10-32

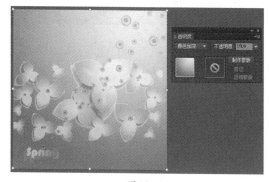

图10-33

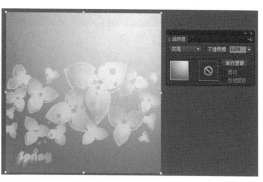

图10-34

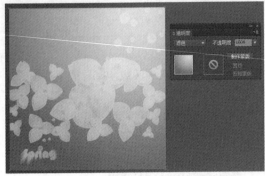

图10-35

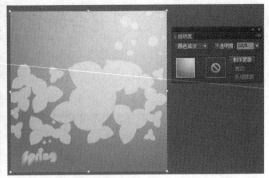

图10-36

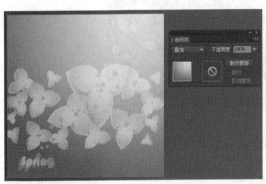

图10-37

图10-38

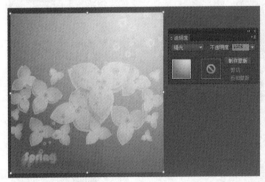

图10-39

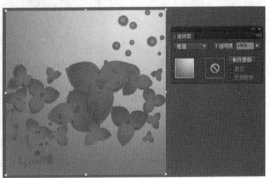

图10-40

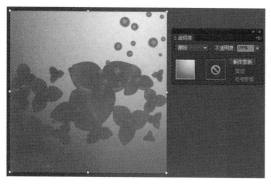

图10—41

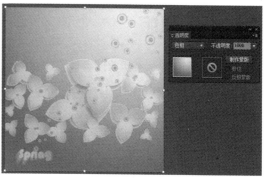

图10—42

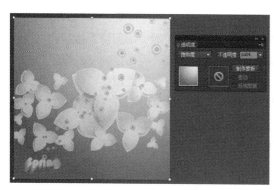

图10—43

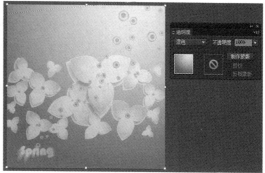

图10—44

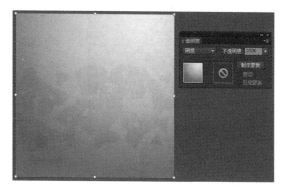

图10—45

10.3 蒙版

蒙版用于遮罩对象，蒙版可以在不破坏对象的前提下隐藏掉不需要的部分，在Illustrator中可以创建两类蒙版，即剪切蒙版和不透明蒙版。

10.3.1 剪切蒙版

剪切蒙版可以裁切部分图形，从而只有一部分图形可以透过创建的一个或者多个形状得到显示。在Illustrator中，通过执行【对象】>【剪切蒙版】>【建立】命令对图形进行遮色。剪切蒙版和遮盖的对象称为剪切组合，可以通过选择的两个或多个对象或者一个组或图层中的所有对象来建立剪切组合。

创建剪切蒙版应遵循下列规则：蒙版对象将被移到【图层】面板中的剪切蒙版组内（前提是它们尚未处于此位置）；只有矢量对象可以作为剪切蒙版，不过任何图稿都可以被蒙版；如果使用图层或组来创建剪切蒙版，那么图层或组中的第一个对象将会遮盖图层或组的子集的所有内容；无论对象先前的属性如何，剪切蒙版都会变成一个不带填色也不带描边的对象。

确认需要作为剪切蒙版的图形在图层中的最上方，单击剪切蒙版图标，可以看到得到的蒙版效果，如图10-46所示。如果需要释放剪切蒙版，那么再次单击该图标即可。

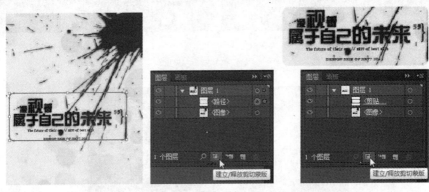

图10-46

对于创建的剪切蒙版可以使用【选择工具】、【编组选择工具】和【直接选择工具】进行编辑，如使用【直接选择工具】选中剪切蒙版的锚点，将其拖曳到其他位置，可以看到剪切蒙版发生变化，其遮罩的内容也发生变化，如图10-47所示。

图10-47

10.3.2 / 不透明蒙版

可以使用不透明蒙版和蒙版对象来更改图稿的透明度，也可以透过不透明蒙版（也称为被蒙版的图稿）提供的形状来显示其他对象。蒙版对象定义了透明区域和透明度，可以将任何着色对象或栅格图像作为蒙版对象。Illustrator使用蒙版对象中颜色的等效灰度来表示蒙版中的不透明度。如果不透明蒙版为白色，就会完全显示图稿。如果不透明蒙版为黑色，就会隐藏图稿。蒙版中的灰阶会导致图稿中出现不同程度的透明度。

建立不透明蒙版有两种方法：一种是通过双击蒙版区得到蒙版，另一种是执行菜单命令得到蒙版。

（1）选中要建立蒙版的对象之后，用鼠标双击【透明度】按钮面板的蒙版区，可以得到一个黑色的蒙版，对象被隐藏，如图10-48所示。

图10-48

使用图形绘制工具绘制出一些色块，可以看到该色块的颜色决定了对象的隐藏程度，如图10-49所示。

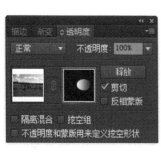

图10-49

（2）执行【透明度】面板下拉菜单中的【建立不透明蒙版】命令，可以得到一个黑色的蒙版，如图10-50所示。

使用图形绘制工具绘制一些色块，可以控制隐藏区域，如图10-51所示。如果需要将蒙版删除，那么在面板菜单中执行【释放不透明蒙版】命令即可。

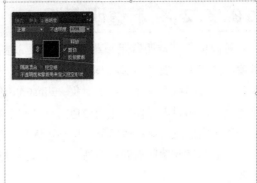

图10-50

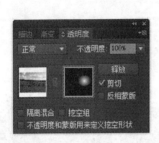

图10-51

还有一种方法可以将现有的对象转换为蒙版，选中两个对象，执行【透明度】面板下拉菜单中的【建立不透明蒙版】命令，上方的图形被转换为蒙版，如图10-52所示。

图10-52

10.3.3 / 编辑不透明蒙版

创建不透明蒙版之后，在【透明度】面板缩略图区域中分布着居于左侧的对象以及居于右侧的对象蒙版的缩略图，单击蒙版缩略图即可激活蒙版，此时编辑的对象是蒙版，被激活的缩略图周边会出现黄颜色框，如图10-53所示。

在【透明度】面板中可以通过其他选项来编辑不透明蒙版。

【剪切】：为蒙版指定黑色背景，以将被蒙版的图稿裁剪到蒙版对象边界，取消选中【剪切】复选框可关闭剪切行为，要为新的不透明蒙版默认选择剪切，从【透明度】面板菜单中选择【新建不透明蒙版为剪切蒙版】选项。

【反相蒙版】：是指对象的明度值会反相被蒙版的图稿的不透明度。例如，90%透明度区域在蒙版反相后变为10%透明度的区域，取消选择【反相蒙版】选项，可将蒙版恢复为原始状态。要默认反相所有蒙版，则从【透明度】面板菜单中选择【新建不透明蒙版为反相蒙版】选项。

在【图层】面板中选择一个图层或组，然后选中【隔离混合】复选框，可以将混合模式与所选图层或组隔离，使它们下方的对象不受混合模式影响。选中【挖空组】复选框可以保证群组对象中单独的对象或图层在相互重叠的地方不能透过彼此而显示。

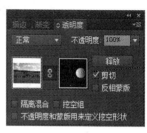

图10—53

不透明度和蒙版用来定义挖空形状，复选框用来创建与对象不透明度成比例的挖空效果。挖空是指透过当前的对象显示出下面的对象。要创建挖空，对象应使用除【正常】模式以外的混合模式。

10.4 综合案例——制作海报

在本案中，将不同的对象放置在不同的图层中，这样便于选择和编辑对象。在【图层】面板中可以通过建立蒙版来隐藏内容。

知识要点提示

【图层】面板的使用

操作步骤

01 执行【文件】>【新建】命令，在弹出的【新建文档】对话框中设置【名称】为"海报"、【宽度】为"500mm"、【高度】为"700mm"、【出血】均为"3mm"，如图10—54所示。单击【确定】按钮，效果如图10—55所示。

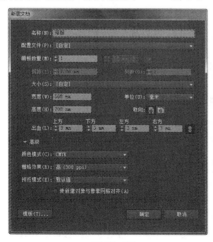

图10—54

图10—55

02 打开【图层】面板，双击【图层1】，在弹出的【图层选项】对话框中设置【名称】为"背景"，如图10-56所示，单击【确定】按钮，效果如图10-57所示。

图10-56　　　　　　　　　　　图10-57

03 选择工具箱中的【矩形工具】选项，沿文档的出血线绘制一个矩形，如图10-58所示。打开【颜色】面板，设置【填色】为"黑色"，如图10-59所示。

图10-58　　　　　　　　　　　图10-59

04 选择工具箱中的【矩形工具】选项，在页面中绘制4个矩形，并放在合适位置，如图10-60所示。打开【颜色】面板，设置【填色】为"白色"，如图10-61所示。

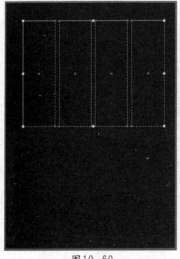

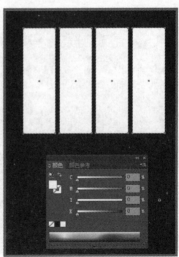

图10-60　　　　　　　　　　　图10-61

05 打开【图层】面板，单击【图层】面板下方的【创建新图层】按钮，如图10-62所示。并将【图层】命名为"背景文字"，如图10-63所示。

图10-62　　　　　　　　　　　图10-63

06 在页面中分别输入英文字母"S"、"A"、"L"、"E"，并设置好字体字号，如图10-64所示。为4个字母分别设置颜色，如图10-65所示。

图10-64

图10-65

07 打开"素材\第10章\素材.ai"，选中素材中的线条，如图10-66所示。将其复制到"海报"文档中，再复制3个并调整大小，将其放到合适位置，如图10-67所示。

图10-66

图10-67

08 打开【图层】面板，新建图层，并将其命名为"人物"，选择工具箱中的【矩形工具】选项，在文档中绘制一些连接在一起的矩形，如图10-68所示。打开【颜色】面板，为矩形填充任意颜色，如图10-69所示。

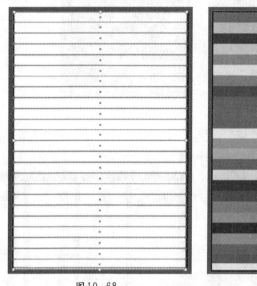

图10-68

图10-69

09 打开"素材\第10章\素材.ai"，选中其中的一个人物，将其复制到"海报"文档中，调整好大小并放在合适位置，如图10-70所示；同时选中人物和下面的彩色矩形，执行【对象】>【剪切蒙版】>【建立】命令，如图10-71所示。

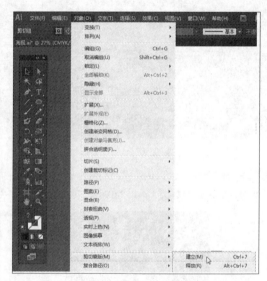

图10-70

图10-71

10 新建图层并命名为"剪影"，选择工具箱中的【钢笔工具】选项，沿着人物的轮廓绘制一个比较粗糙的路径，如图10-72所示。打开【颜色】面板，设置填充色，如图10-73所示。

11 将"剪影"图层移动到"人物"图层的下方，如图10-74所示。使用同样的方法复制彩色矩形并旋转角度处理素材中的另外3个人物，如图10-75所示。

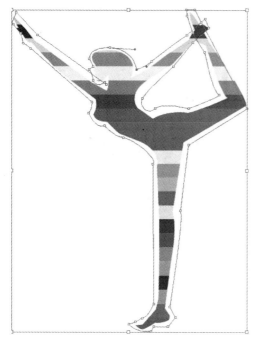

图10-72

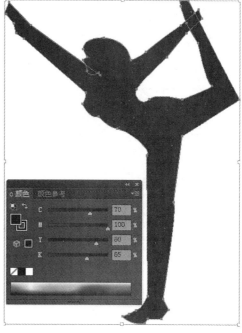

图10-73

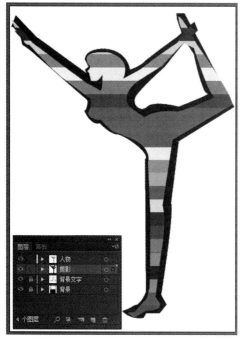

图10-74

图10-75

12 新建图层并命名为"文字"，选择工具箱中的【文字工具】选项，在文档中输入需要
的文字，如图10-76所示。使用同样的方法输入其他文字，至此完成了海报的制作，效果如
图10-77所示。

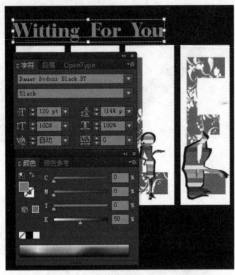

图10—76

图10—77

10.5 本章小结

本章主要介绍图层和蒙版，在处理一些复杂图稿的过程中，图层能有效帮助我们减轻工作量，蒙版的使用可以使图稿更加自然。

10.6 本章习题

1．选择题

（1）在【图层】面板中不可以选择对象、改变图层的（ ）操作。

　　A.堆叠顺序　　　　　　B.合并图层　　　　　C.图层间移动对象　D.大小

（2）混合模式大致分为六组，其中不包括（ ）

　　A.变亮组　　　　　　　B.明度组　　　　　　C.比较组　　　　　　D.反差组

（3）建立不透明蒙版有两种方法：一种是通过双击蒙版区得到蒙版，另一种是执行（ ）得到蒙版。

　　A.选择命令　　　　　　B.编辑命令　　　　　C.菜单命令　　　　　D.效果命令

2．操作题

（1）练习使用【图层】面板。

（2）练习使用【不透明度】面板。